U0312014

川滇生态屏障地区市场化生态补偿机制研究

CHUANDIAN SHENGTAI PINGZHANG DIQU SHICHANGHUA SHENGTAI BUCHANG JIZHI YANJIU

杨小杰／著

西南财经大学出版社
Southwestern University of Finance & Economics Press
中国·成都

图书在版编目(CIP)数据

川滇生态屏障地区市场化生态补偿机制研究/杨小杰著.—成都:西南财经大学出版社,2021.11
ISBN 978-7-5504-5138-4

Ⅰ.①川…　Ⅱ.①杨…　Ⅲ.①区域生态环境—补偿机制—研究—西南地区　Ⅳ.①X321.27

中国版本图书馆 CIP 数据核字(2021)第 227032 号

川滇生态屏障地区市场化生态补偿机制研究
杨小杰　著

责任编辑:林伶
责任校对:李琼
封面设计:何东琳设计工作室
责任印制:朱曼丽

出版发行	西南财经大学出版社(四川省成都市光华村街 55 号)
网　　址	http://cbs.swufe.edu.cn
电子邮件	bookcj@swufe.edu.cn
邮政编码	610074
电　　话	028-87353785
照　　排	四川胜翔数码印务设计有限公司
印　　刷	四川五洲彩印有限责任公司
成品尺寸	170mm×240mm
印　　张	12.25
字　　数	231 千字
版　　次	2021 年 11 月第 1 版
印　　次	2021 年 11 月第 1 次印刷
书　　号	ISBN 978-7-5504-5138-4
定　　价	78.00 元

前言

联合国相关研究数据表明，当前，全球70%的农田已经退化，50%的湿地已经消失，80%的森林正遭砍伐，生态问题已经威胁到了人类生存。我国国家统计局的数据显示，2006年我国单位国内生产总值（GDP）能耗在全球39个主要工业国家中排第27位，钢材产量、水泥产量、发电量均居世界第一位，原油产量居世界第四位。大量的资源消耗与我国人均资源不足的矛盾凸显。为此，党的十八大报告指出“面对资源约束趋紧、环境污染严重、生态系统退化的严峻形势，必须树立尊重自然、顺应自然、保护自然的生态文明理念”，并要求“深化资源性产品价格和税费改革，建立反映市场供求和资源稀缺程度、体现生态价值和代际补偿的资源有偿使用制度和生态补偿制度。健全生态环境保护责任追究制度和环境损害赔偿制度”。

川滇地区是我国的天然水塔和生物物种基因库，其生态资源丰富、生态地位高，不仅是我国的生态屏障，还是我国传统的农业主产区之一。在该区域建立市场化生态补偿机制，对生态服务与产品的主要供给产业、农业生态价值的外部性进行补偿，是解决我国生态资源约束，实现可持续发展的重要手段。本书选择川滇生态屏障地区的市场化生态补偿作为研究对象，采用文献研究、案例研究和定量分析的方法，对川滇生态屏障地区市场化生态补偿机制进行了研究。全文共10章，分为五个部分：

第一部分（第1章、第2章）为研究背景与理论分析。

本部分简要介绍了我国面临的生态问题，分析了川滇生态屏障地区生态补偿研究的必要性，在对国内外研究现状分析的基础上，提出了本书的研究框架，并对市场化生态补偿的相关概念进行了界定，对其理论基础进行了分析。

第二部分（第3章）对国内外市场化生态补偿机制的案例进行了研究。

本部分通过对发达国家（美国、德国）和发展中国家（墨西哥、哥斯达黎加、中国）市场化生态补偿机制的成功案例进行分析，认为成功有效的市场化生态补偿机制应该以具有前瞻性的社会环保意识、合理的制度安排为前提，具备多元参与主体、合理补偿额度和成本效益原则，此外市场化生态补偿仍然需要政府的引导与干预。

第三部分（第4章、第5章）对川滇生态屏障地区生态补偿现状进行了分析，并提出了市场化生态补偿机制建设的原则、目标与思路。

本部分对补偿现状的分析认为：川滇生态屏障地区生态价值除了具备农业生态价值的一般特点外，还具有价值量大、生态地位高等特点；现有的以政府为主导的生态补偿机制，促进了该区域的生态保护与建设，增加了农民收入；由于存在补偿额度不足、覆盖范围窄等缺陷，现有生态补偿机制远未达到“反映市场供求和资源稀缺程度、体现生态价值和代际补偿”的目标。

对川滇生态屏障地区市场化生态补偿机制的影响因素及建设条件的分析认为，经济社会发展水平是首要影响因素，整治意愿、公众意识、生态资源的稀缺程度和实施层面等因素也影响着市场化生态补偿机制的建设。经过几十年的发展与积累，目前川滇生态屏障地区已经具备了建设市场化生态补偿机制的法律、现实与实践条件。

借鉴国内外市场化生态补偿机制构建的经验，本书提出了根据公平性、全面性和开放性原则，按照实现市场对生态资源的配置、发挥政府导向作用和推动可持续发展的目标，通过立法创建生态市场，并结合该区域农业生产与食品安全构建区域市场化生态补偿机制的思路。

第四部分（第6章、第7章、第8章、第9章）对川滇生态屏障地区市场化生态补偿机制进行了研究。

本部分借鉴国内外经验，对补偿的主客体、补偿的内容进行了界定。从法律法规建设、市场化生态补偿机制的框架、补偿模式等方面，对川滇生态屏障地区市场化生态补偿的制度安排进行了设计，并对川滇生态屏障地区农业市场化生态补偿额度和生态旅游市场化生态补偿额度的确定进行了研究。在对四川城市消费者进行调查的基础上，建立了Logit回归模型，对生态补偿额度的影响因素进行了分析，并采用CVM评估方法，对补偿额度进行了厘定。

第五部分（第10章）为本书的结论与政策建议。

本书认为，川滇生态屏障地区亟须建立完善的市场化生态补偿机制，该机制的建立必须以相关法律法规的制定为前提，必须具备多元参与、合理补偿和低制度成本等特点。

本书对典型城市进行调查，建立Logit回归模型对其进行分析，结果表明补偿主体的受教育程度、年龄、收入水平等基本特征，及其对生态环境现状的评价、对食品安全的关注、对食品安全与环境保护关系的认识等因素，对补偿主体农业生态补偿意愿的影响较大。

将速生林种植的市场化生态补偿额度（800元/亩①）与退耕还林补偿额度（100~200元/亩）比较，可以看出，在补偿额度方面，农业市场化生态补偿可以取代政府补偿，成为农业生态补偿的主要形式。

通过对川滇生态屏障地区市场化生态补偿的研究，本书提出加大生态补偿宣传教育尤其是农业生态补偿的宣传教育；建立、完善生态资源有偿使用的法律法规体系；制定、实施生态资源使用总量控制的指标体系；结合食品安全体系，建立农业市场化生态补偿机制的建议。

本书的主要创新点在于：

（1）本书根据我国主体功能区的划分，选择川滇生态屏障地区的生态补偿机制作为研究内容，在选题上具有一定的新意。

（2）本书结合食品安全体系，围绕地区主要产业对农产品生态的补偿机制进行了设计，具有一定的创新性。

（3）本书采用调价价值评估法，对川滇生态屏障地区生态价值补偿的影响因素进行了分析，并首次对其补偿额度进行了厘定，具有一定的创新性。

---

① 1亩≈666.67平方米。

目　录

1 绪论

1.1 研究背景及意义

1.1.1 研究背景

随着全球经济的发展，生态环境问题日益凸显。进入21世纪后，生态环境问题逐步加剧，已经严重威胁到全人类的生存和发展。不断增长的人口数量和对粮食生产的需求也对农业用地提出了前所未有的要求，加剧的气候变化导致生物多样性和生态系统服务受到侵蚀，进一步导致世界自然资本退化（Foley 等，2011；Tscharntke 等，2012）。一方面，生态环境正遭受人类前所未有的破坏：《世界资源报告（2000—2001）》研究了进入21世纪后全球重要的生态系统资源状况，结果表明，全球70%的农田已经退化，50%的湿地已经消失，80%的森林正遭砍伐。另一方面，生态环境破坏越来越反作用于人类社会：近年来，全球极端性气候、地质灾害频繁出现，给人类造成了巨大的损失。2004年全国因环境污染造成的经济损失占当年GDP的3.05%①，到2007年，我国每年因环境污染造成的经济损失就已达到了当年GDP的10%左右，而近几年这个数据一直维持在8%~15%②。数据显示，气温每上升1℃，粮食产量将减少10%，我国每年因气象灾害导致的粮食减产超过500亿公斤③。联合国环境署的研究显示，全球气温上升2℃将会引发全球性灾难，而相关研究却表明至2050年全球气温将上升4℃。

生态环境问题不仅仅是环境和资源问题，同时也是经济、社会和政治问题，面对生态环境的破坏及其引发的后果，人们不得不关注环境问题，关注如何有序利用资源、保护环境。生态补偿作为人类社会有效利

① 数据来源：《中国绿色国民经济核算研究报告2004》。

② 数据来源：《2016环境污染调查报告》。

③ 数据来源：http://www.sohu.com/a/116296947_116897.

用环境资源的工具，其应用正得到全世界的重视。

（1）全球自然环境恶化，导致自然灾害频发

联合国环境署的报告表明全球环境正在恶化。温室气体过量排放，导致全球气温升高，冰川融化，海平面上升。相关研究显示，1992—2008 年，全球二氧化碳排放量增加了 36%，至 2018 年全球二氧化碳排放总量达到了 330 亿吨①。世界气象组织发布的年度《温室气体公报》显示，2016 年全球二氧化碳平均浓度达到了 403.3%。由此引起全球气温显著升高，统计数据显示 1992—2010 年全球年平均气温上升了 0.4℃（见图 1-1），自 1880 年有气温测量记载以来最热的十年均出现在 1998 年以后。温室气体排放导致的温室效应显著提升了海水温度，数据显示 1992—2010 年，海水水温升高了 0.5℃。科学家根据此前的数据推断，2016—2035 年的全球平均气温很有可能持续上升 0.3~0.7℃②。海水升温引起极地冰川融化，地球每年损失多达 3 900 亿吨的冰雪。2010 年北极冰川较 1992 年减少了 35%，美国航空航天局（NASA）指出北极冰川面积在过去的 35 年间减少了 95%，按这个趋势发展，北极海冰将会彻底消失③。同时，美国国家海洋和大气管理局（NOAA）公布的数据显示，从 1993—2017 年，全球海平面上升了 77 毫米。全球工业的发展不仅消耗了大量自然资源，也给全球环境带来了巨大压力。联合国环境署的研究显示，1990 年以来，全球每年减少的森林面积达 3 亿公顷（1 公顷=0.01 平方千米），2005—2015 年，全球森林以每年 1 300 万公顷的速度消失④。众所周知，废塑料品的堆积对人类的环境造成极大危害。欧洲统计局公布 2016 年全球塑料生产总量的相关报告称，全球塑料年度生产增长 4%，过去 5 年增长 20%（5 600 万吨），合计生产塑料 3.35 亿吨，中国塑料产量占全球塑料总产量约 25%，是世界上最大的塑料生产国之一⑤。世界自然基金会 2010 年的研究显示，1992—2008 全球生物多样性锐减了 30%⑥。同时，基金会《地球生命力报告 2016》指出人类活动将会造成全球野生动物种群数量在 1970—2020 年的 50 年间减少 67%⑦。

---

① 数据来源：www.cnenergynews.cn.

② 数据来源：http://www.sohu.com/a/125454745_115401.

③ 数据来源：https://video.sina.cn.

④ 王京歌. 全球森林消失速度变缓［J］. 生态经济，2015，31（11）：2-5.

⑤ 数据来源：https://www.sohu.com/a/230676178_571684.

⑥ 数据来源：http://www.un.org.

⑦ 数据来源：《地球生命力报告 2016》。

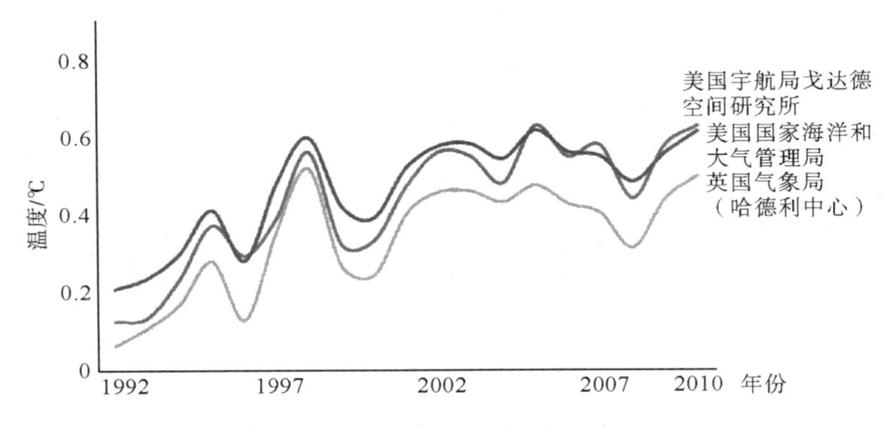

图 1-1 1992—2010 年全球气温变化图

资料来源：NASA，NOAA，UK-Met office.

生态系统的退化，可引起全球灾害频发。1992—2010 年，年全球自然灾害数量增加了一倍。1992—2010 年全球自然灾害造成的影响见图 1-2。2005 年 8 月，“卡特里娜”飓风登陆美国的新奥尔良，百万人被迫撤离，数千人遇难，中心区域 90%的房屋被夷为平地，评估的经济损失额更是达到了 1 250 亿美元。2011 年，泰国遭遇 50 年来最大的水灾，泰国数个州被大水围困几个月之久，这次水灾不仅造成泰国稻米减产 600 多万吨，工农业经济损失约 70 亿美元，还造成 700 余人丧生①。联合国国际减灾战略指出，随着全球变暖，灾害风险正在增大。2018 年造成全球死亡人数最多的灾害是地震和海啸，有 4 321 人遇难；其次是洪水，有 2 859 人遇难；然后是飓风和暴风，有 1 593 人遇难，总体受灾人数约 6 177 万②。

① 数据来源：http://www.weather.com.cn/index/gjtq/10/1526754. shtml.

② 数据来源：联合国国家减灾战略 https://www.unisdr.org.

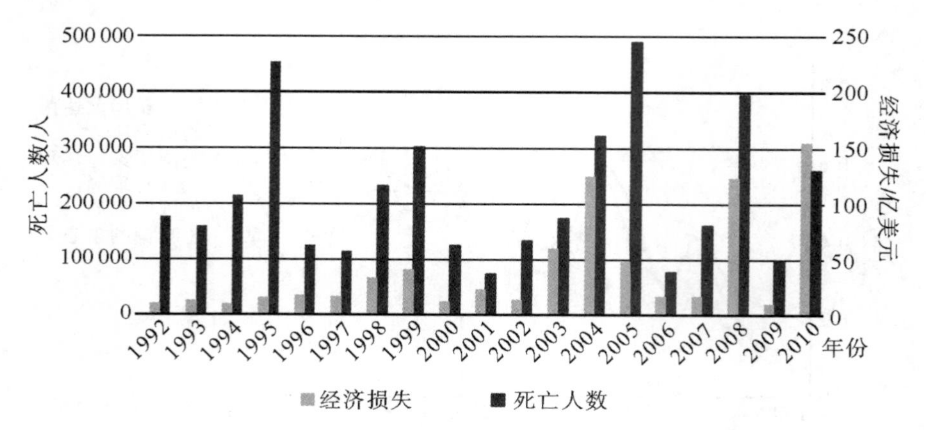

图 1-2　1992—2010 年全球自然灾害造成影响图

（2）我国粗放的增长模式，带来严重的生态环境问题

1978 年我国开始了改革开放的进程，40 多年来，我国国内生产总值年均增长达到了 9.4%。2011 年，我国年国内生产总值达到了 4.7 万亿元，成为世界第二大经济体，城镇居民人均可支配收入为 21 810 元，农村居民年人均纯收入为 6 977 元，社会事业全面发展，实现了总体小康，正向全面小康前进①。

国民经济的快速发展也带来了严重的后果。我国的发展模式是粗放式的，这种发展模式以高投入、高排放和低效益为主要特点，其后果是大量的资源消耗和严重的环境破坏。

资源过度消耗。国家统计局的数据显示，2006 年，我国单位 GDP 能耗为 1.21 吨标准煤/万元，按当年汇率折算，万美元标准油消耗为 6.58 吨，在全球 39 个主要工业国家中排第 27 位。世界银行的数据显示，当年世界能耗水平为 2.96 吨标准油/万美元，而高收入国家或地区能耗水平仅为 1.88 吨标准油/万美元，中国香港的能耗水平更是达到了 0.6 吨标准油/万美元。2016 年，我国单位 GDP 能耗为 3.7 吨标准油/万美元，是 2015 年世界能耗强度平均水平的 1.4 倍，发达国家平均水平的 2.1 倍②。数据还显示，近几年，我国钢材产量、水泥产量、发电量均居世界前列，原油产量居世界第四位，大量的资源消耗与我国人均资源不足的矛盾凸显。

生态环境形势严峻。我国耕地面积正逐年减少，调查数据显示 2000 年我国耕地面积比 1991 年减少了 249.81 万公顷，减少幅度为 1.91%（见图 1-3）；2016 年我国耕地面积为 13 495.66 万公顷，较 2015 年减少了

① 数据来源：http://news.cntv.cn.

② 数据来源：www.xjdrc.gov.cn/info/11504/14497.htm.

33.65 万公顷[①]。耕地质量下降，土地退化、沙化严重，至 20 世纪 90 年代末，全国沙漠和沙化土地总面积达 174.3 万公顷，占国土面积的 18.2%。中国目前荒漠化土地面积达 261.16 万平方公里，占国土面积的 1/4。我国土地沙化进程见图 1-4。水生态严重失衡，水供给量严重不足，我国水资源总量为 26 868 亿立方米，居世界第六，人均水资源量仅有 2 300立方米，仅为世界平均水平的 1/4；黄河水资源利用率达62%，海河更是高达 90%，远远超过国际公认的 30%~40%的警戒线[②]。我国部分省（区、市）人均水资源量见图 1-5。水体严重污染，2012 年 9 月上旬的数据显示：全国主要水系 131 个重点断面检测中，Ⅰ~Ⅲ类水质的断面为 98 个，占 75%；Ⅳ类水质的断面为 18 个，占 14%；Ⅴ类水质的断面为 6 个，占 4%；劣Ⅴ类水质的断面为 9 个，占 7%[③]。生物物种保护压力巨大，我国目前已经确定灭绝的哺乳动物有 10 种，列入《濒危野生动植物种国际贸易公约》附录的中国的濒危动物就有 120 多种，列入《国家重点保护野生动物名录》的共有 257 种，列入《中国濒危动物红皮书》的鸟类、鱼类和两栖爬行类动物有 400 种，还有成百上千种野生动物被列入了各省、自治区、直辖市重点保护名录[④]。

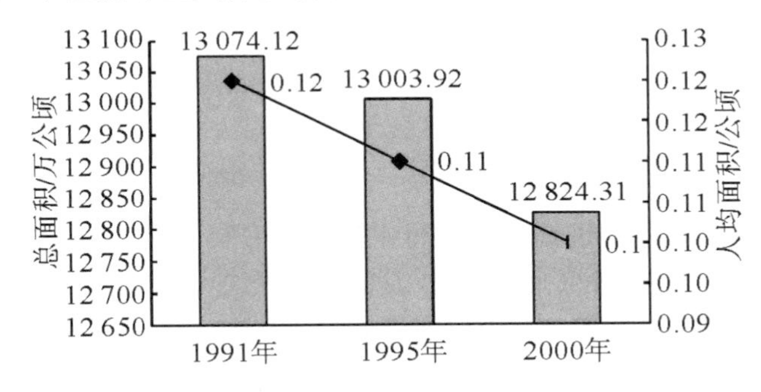

图 1-3　我国耕地面积变化

① 数据来源：《2016 中国国土资源公报》。

② 数据来源：《全国生态环境现状调查报告》。

③ 数据来源：http://www.zhb.gov.cn.

④ 数据来源：http://www.china.com.cn.

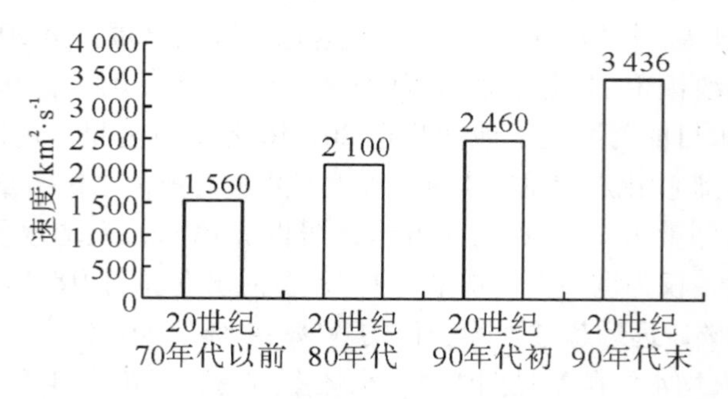

图 1-4　我国土地沙化进程

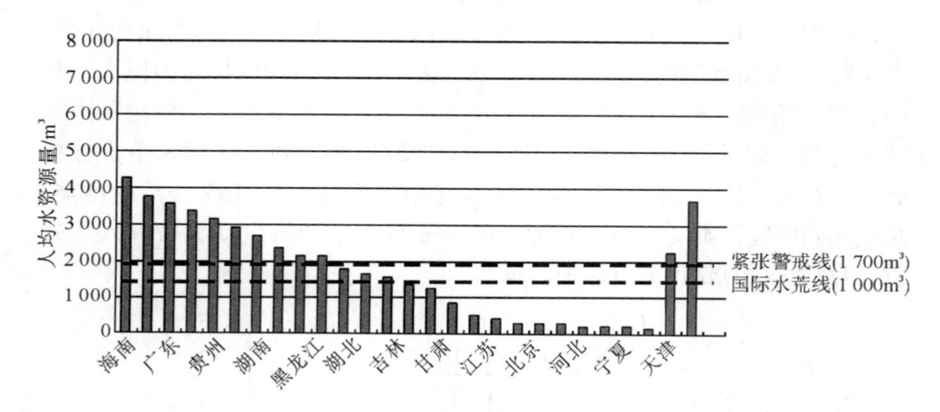

图 1-5　我国部分省（区、市）人均水资源量

（3）我国政府积极提出并试行生态补偿方案

2003 年，胡锦涛总书记提出了科学发展观，指出“全面、协调、可持续的发展”是我国经济社会发展的必由之路，并在五个统筹中明确提出“统筹人与自然和谐发展”。科学发展观的提出为生态补偿机制研究提供了政策背景，也将我国区域生态补偿的实施提上了日程。

2003 年 1 月我国颁布实施了《退耕还林条例》，开始实施全球最大的生态保护与补偿工程。该项目从保护、改善生态环境出发，通过政府补贴，有计划、有步骤地停止耕种易造成水土流失的耕地，进行植树造林，恢复森林植被。通过该项目的实施，我国森林无序砍伐的局面得到控制，森林覆盖率有了很大的提高。以四川省为例，2002—2003 年的一年间，累计实施退耕还林 1 208 万亩，荒山造林 1 091 万亩，2009 年全省森林覆盖率达到 34.4%。

2005 年，我国开始制定生态补偿的相关政策，并开展了流域生态补偿的试点工作。2007 年，原国家环境保护总局提出重点建设自然保护区、重要生态功能区、矿产资源开发区、流域水环境保护区 4 类生态补偿试点，许多省（区、市）相继出台生态补偿政策，建立生态补偿机制试点。2007 年 8 月原国家环境保护总局发布了《关于开展生态补偿试点工作的指导意见》，就我国建立生态补偿机制的意义、指导思想、原则和目标做了阐述，并要求加快建立自然保护区生态补偿机制、探索建立重要生态功能区生态补偿机制、推动建立矿产资源开发的生态补偿机制、推动建立流域水环境保护的生态补偿机制。该文件提出的“谁开发谁保护，谁破坏谁恢复，谁受益谁补偿，谁污染谁付费”的原则，已经成为我国建立生态补偿机制，进行生态补偿的基本原则。2012 年国家发改委发布了《西部大开发 2011 年进展情况和 2012 年工作安排》，提出将川西北等 7 个地区划定为全国生态补偿试点区域。

2012 年 11 月 8 日，党的十八大报告提出了“五位一体”的战略布局。报告要求加强生态文明建设，深化自愿性产品价格与税费改革，建立反映市场供求与资源稀缺程度、体现生态价值与代际补偿的有偿资源使用制度与生态补偿制度，开展碳排放权、节能量、水权、排污权交易试点。

2016 年，《国务院办公厅关于健全生态保护补偿机制的意见》指出牢固树立创新、协调、绿色、开放、共享的发展理念，不断完善转移支付制度，探索建立多元化生态保护补偿机制，逐步扩大补偿范围，合理提高补偿标准，有效调动全社会参与生态环境保护的积极性，促进生态文明建设迈上新台阶（见附录 2）。

（4）川滇生态屏障地区亟须建立市场化生态补偿机制

国家“十一五”规划纲要把国土空间划分为优化开发、重点开发、限制开发和禁止开发四类主体功能区。2011 年我国颁布实施了“十二五”规划纲要，该纲要对我国未来五年的经济发展进行了战略布局，确定了“两屏三带”的生态安全战略格局，四川、云南与西藏交界的地区被划入“黄土高原—川滇生态屏障”。“十三五”规划进一步强调了“加快生态环境改善”的任务，提出强化主体功能区作为国土空间开发保护基础制度的作用，加快完善主体功能区政策体系，推动各地区依据主体功能定位发展（见附录 3）。

川滇生态屏障地区位于青藏高原东南边缘，跨四川、云南、甘肃、青海四省，是我国的生物物种基因库，保存着大熊猫、金丝猴等很多珍稀动植物物种；同时，该地区还是我国大江大河的主要源头，仅四川省就有大小河流 1 400 多条，水资源总量共计约为 3 489.7 亿立方米。建立市场化生态补偿机制，保护川滇生态屏障地区的生态环境，既关系到我国的生态安全，又关系到我国未来发展所需的水资源安全。

川滇生态屏障地区既是生态脆弱区，又是生态保护的重点地区和贫困地区。2019 年，仅四川、云南两省就有国家级贫困县 62 个，部分地区人均年收入甚至不足千元（见表 1-1）。当前，该地区突出的保护与发展的矛盾，严重制约了当地的生态保护工作。一方面，地方政府财政无力进行生态保护；另一方面，生态保护区的设立也影响了当地经济的发展，加剧了当地农民的贫困程度。以川西北草原为例，四川省阿坝藏族羌族自治州（以下简称“阿坝州”）的若尔盖县有保护区 4 个，阿坝县有 2 个，壤塘县有 2 个（见表 1-2）。

表 1-1　四川省乐山市峨边彝族自治县部分农村农民人均收入调查表

序号	乡镇	行政村	人口/人	户数/户	人均收入/元
1	金岩乡	团结村	636	134	1 600
2		金岩村	689	158	1 200
3		罗卜村	881	232	1 520
4		挖吉村	1 218	228	1 474
5	觉莫乡	马鞍村	492	121	1 760
6		茨竹村	563	155	1 789
7		为觉村	978	428	1 150
8	新林镇	江湾村	685	135	860
9		大香村	1 095	259	1 900
10		九龙村	1 017	238	1 800

数据来源：2009 年调查数据。

表 1-2　阿坝州自然保护区分布情况

序号	编号	保护区名称	行政区域	总面积/平方公顷	类型	级别
1	川 91	杜苟拉	壤塘县	127 841	森林生态	市级
2	川 92	南莫且湿地	壤塘县	82 834	内陆湿地	省级
3	川 93	曼则塘	阿坝县	365 875	内陆湿地	省级
4	川 94	严波也则山	阿坝县	442 519	野生动物	市级
5	川 95	包座	若尔盖县	143 848	内陆湿地	县级
6	川 96	喀哈尔乔湿地	若尔盖县	222 000	内陆湿地	县级
7	川 97	若尔盖湿地	若尔盖县	166 571	内陆湿地	国家级
8	川 98	铁布	若尔盖县	20 000	野生动物	省级
9	川 99	日干乔	红原县	107 536	草原草甸	市级

数据来源：四川省林业局。

川滇生态屏障地区还是少数民族聚居区和革命老区。该地区是我国藏、回、彝、羌、白等少数民族的聚居区，其中四川省超过 5 000 人的少数民族有 13 个；此外，红原、彝良、黎平等地区都是著名的革命老区。

川滇生态屏障地区生态环境已经开始恶化。由于自然生态脆弱，该区域土地沙漠化、荒漠化、石漠化严重。以甘孜藏族自治州（以下简称“甘孜州”）为例，全州沙漠化、石漠化、荒漠化的草场有 97.5 万公顷，理塘、甘孜、色达等地的沙漠化面积也已经达到了 57.2 万公顷。

综上所述，一方面，川滇生态屏障地区域亟待通过发展经济、改善民生，改变现有的落后面貌，缩小与东部地区的差距。另一方面，川滇地区的特殊区位与资源禀赋也使得该区域成为我国生态保护的高地，保护好该区域的生态环境关系到我国的可持续发展。只有建立生态补偿机制，按照“谁保护，谁受益”的原则进行生态补偿，才能保障国家生态安全，同时促进当地经济发展，实现农民增收，维护当地社会稳定。

（5）政府主导的生态补偿模式无法满足川滇生态屏障地区的发展需要

当前我国生态补偿的基本模式是政府主导的补偿模式，该模式在政府强势的地区易于实现，适用于我国的生态补偿，但是该模式也存在很大的弊端。

首先，生态补偿巨大的资金需求仅靠政府无法提供。以甘孜州生态移民为例，该项目计划移民 20 万人，补贴标准为 11 000 元/人，其中州财政支付 6 000 元/人，合计 12 亿元，而该州 2009 年财政收入仅为 8 亿元，根本无法支付如此庞大的补偿资金。此外我国正在实施的退耕还林（草）项目同样存在补偿额度偏低的问题，2004 年甘孜州退耕农户人均获得补助 140 元，人均获得粮食补助 544.95 千克，能够解决温饱问题，但是退耕后农牧民失去了基本的经济来源，发展问题无从谈起。

其次，政府主导的生态补偿模式还存在效率问题。由于政府补偿以既定的指标为考核依据，因此不能实现资金支出与生态效果的统一。以四川省峨边彝族自治县退耕还林项目为例，农民出于对树木成活率指标的担忧，加大了树木的种植密度，由此造成退耕区树木密度严重超过自然生长区，从而使得树下植被生长受到遏制，增加了森林覆盖率的同时，不但没能改善生态环境，反而造成了林下生态系统被破坏。

最后，政府补偿不能实现全覆盖，不具有可持续性。政府主导的生态补偿均以项目为主，这些项目经过充分论证、试行、实施，需要一个较长的过程，因此具有一定的局限性，不能对所有的生态建设内容实现补偿。同时，一个项目结束后，该区域的补偿行为即告结束，无法实现生态补偿的可持续性。以退耕还林项目为例，项目期结束后，退耕地区的农牧民仍然存在生计问题，需要新的项目支撑。

（6）非政府组织（NGO）参与的生态补偿模式仅能作为补充

NGO 参与的补偿模式有操作灵活、参与性高的特点，在项目实施时能够吸引更多的人参与，可较好实现生态建设目标。但是该模式受资金规模的限制，一般规模较小，在实现生态补偿过程中，只能作为一种补充模式。

（7）市场化生态补偿机制具有天然优势

市场化生态补偿机制有助于加大生态补偿力度。建立市场化生态补偿机制，实施社会补偿，可以吸纳更多的补偿资金，保障生态补偿的力度与生态建设的需要。社会参与是生态补偿资金的有效保障，如时任总理的温家宝所说，一个很小的数字乘以 13 亿就是一个很大的数字，以每人每年 10 元计算，若全国人民都参与到生态补偿中，则每年的补偿资金可以达到百亿元。市场化生态补偿机制可以通过生态税等方式，开辟公民参与的生态补偿的渠道，从而实现社会补偿，为生态补偿提供更多的资金。

通过市场补偿，可以发挥社会监督作用。建立市场化生态补偿机制，实施社会补偿，可以更好地发挥社会监督的作用，保证生态建设效果。社会监督是公民、法人或社会组织，通过社会舆论、新闻媒体、信访、申诉等形式进行的监督行为。目前，社会监督在我国反腐倡廉等方面，已经发挥了巨大的作用。市场化生态补偿机制的建立，可以有效提高群众的参与程度，从而更好地发挥社会监督的职能，实现生态补偿效果的最大化。

市场化补偿有助于多元化政策的实施。建立市场化生态补偿机制，有助于多元化政策工具的使用。市场是资源配置的有效工具，其可以通过资本融通、市场情报、金融信贷等多种手段促进社会资源的配置。建立市场化生态补偿机制，可以充分发挥多种市场手段，促进生态保护与建设，从而实现经济、政治、社会、文化和生态的可持续发展。

1.1.2 现实意义

建立川滇生态屏障地区市场化生态补偿机制，关系到国家的生态安全与粮食安全，可以为我国提供更多的生态产品与服务，还可以缩小我国居民的收入差距，维护社会稳定，促进新型城镇化的发展，是实现“五位一体”的发展战略的重要途径。在川滇生态屏障地区实施市场化生态补偿，可以促进该区域的生态建设和民族团结，实现可持续发展。

(1) 保障我国生态与粮食安全的必然选择，丰富我国的生态产品与服务的供给。

长期以来，我国农业作为弱势产业，其较大的投入与极低的收益严重制约了农业产业化的发展，这种制约给国家的粮食安全造成了严重隐患。国家统计局的数据显示，全国 2012 年粮食总产量为 58 957 万吨，实现了连续 9 年增产，但是随着粮食消费量的增加，粮食供给缺口却越来越大，2012 年我国谷物进口量达到了 7 700 多万吨，大豆进口量也达到了 5 806 万吨，粮食自给率已经跌破了 90%。川滇生态屏障地区作为我国粮食的传统产区，多年来为我国的粮食供给做出了巨大贡献，2012 年仅四川和云南的粮食产量即达到了 3 315.0 万吨和 1 749.1 万吨，分别占全国粮食总产量的 5.6%和 3.0%。在该区域建立农产品市场化生态补偿机制，通过生态补偿的方式，提高农产品生产的经济效益，促进企业与农户的生产积极性，可以提高我国的粮食产量，保障国家粮食安全。

由于工业废弃物排放，农药、化肥过度使用等原因，我国的耕地污染正逐步加剧。国土资源部的文件显示，我国重金属超标的耕地面积达到了 1.5 亿亩，占可用耕地总面积的 10%以上，每年造成的粮食污染量达 1 200 万吨，直接经济损失 200 亿元。建立农产品市场化生态补偿机制，可实现全社会对农产品的生态补偿，减少化肥、农药等污染物的使用量，从而减少对耕地资源的污染，增加生态产品的供给量。

(2) 扩大内需，促进我国的收入再分配，实现共同富裕。

一方面，随着全球金融危机对我国出口的影响不断加剧，国务院做出了扩大内需、拉动经济发展的重大决策，我国国民经济开始由外向型向内需带动型转变。农民是我国扩大内需的重点群体，提高农村居民的收入水平，是提高我国消费率和增加内需的有效途径。另一方面，经过几十年快速的经济增长，我国正面临经济总量迅速增加和收入差距不断扩大的矛盾。其中农村收入水平过低、城乡差距不断扩大，成为这一矛盾的突出表现。与全国其他地区相比较，西部地区的农民更为贫困，消费水平也更低，同时消费增长潜力更大。通过在川滇生态屏障地区建立市场化生态补偿机制，对农户生产进行补偿，在增加农民收入的同时，可以提高农民的消费水平，从而扩大内需，保障我国经济的增长势态。

(3) 建立市场化生态补偿机制，是建设农村美好家园、实现社会稳定与民族团结的重要途径。

随着我国城市化进程的发展，农民工（尤其是西部地区的农民工）大量涌入城市，成为新市民，为我国城市建设和发展注入了新鲜的血液和动力。但是，由于我国社会保障体系尚不完善，大量进入城市的农民工只能生活在城市社会的边缘，生产与生活条件都不能得到有效保障。2011年，国务院在“十二五”规划指导意见中提出“建设农民生活的美好家园”，一方面在城市没有形成足够的容纳能力前，“稳步推进城市化进程”；另一方面希望通过新农村建设提高农村的基础设施水平，让农民分享社会发展的成果。围绕农业产业建立川滇生态屏障地区市场化生态补偿机制，可以在促进农业产业化发展的同时，改善农村的基础设施条件，从而推动农村“美好家园”建设。川滇生态屏障地区作为少数民族聚居区，通过农业补偿措施，既可以增加民族地区收入，完善该区域农村基础设施条件，还可以促进民族团结。

（4）建立、完善市场化生态补偿机制，是实践“五位一体”的发展战略的重要体现。

党的十八大报告中提出了经济、政治、文化、社会、生态文明建设“五位一体”的中国特色社会主义事业总布局，将生态文明建设放在了突出位置。要求“增强生态产品生产能力，推进荒漠化、石漠化、水土流失综合治理”“建立反映市场供求和资源稀缺程度、体现生态价值和代际补偿的资源有偿使用制度和生态补偿制度”。川滇生态屏障地区是我国国土空间开发格局中“两屏三带”生态战略的重要组成部分，在该区域构建市场化生态补偿机制，符合我国生态文明建设的要求，是实现“五位一体”战略的重要体现。

（5）农产品市场化生态补偿机制的构建，可以促进该区域的生态建设，实现可持续发展。

首先，川滇地区的农业生产可以提供较高的生态服务价值，围绕农业产业进行生态补偿，可以消除其生产的外部性，体现其真实价值，促进农业产业的发展。其次，川滇生态屏障地区地处我国西南部，该区域是我国经济的后发地区，经济发展水平普遍较低，农村人口比重大。第六次人口普查的数据显示，四川农村人口为4 810.6万人，占总人口的59.8%；云南2 978.6万人，占总人口的64.8%。通过对农业生产进行生态补偿，提高农业经营者的收入，可以使较多的人获得收益，从而有效保护生态环境。最后，由于农产品，特别是川滇地区的特殊农产品销售区域覆盖广，对该区域农业生产进行市场化生态补偿，可以实现跨区域的生态补偿。

可见，在川滇生态屏障地区建立市场化生态补偿机制，是发展农村经济、增加农民收入、实现经济社会共同发展的需要，是我国实现可持续发展的必然选择。

1.1.3 理论意义

我国对生态补偿的研究已经进行多年，目前国内对生态补偿的研究主要集中在补偿主体的确定、补偿额度的确定和政府主导的生态补偿模式的效果三个方面。从目前的文献来看，现有研究成果及补偿案例以政府主导型补偿模式为主，对市场化生态补偿机制的研究较少。市场作为资源配置的有效手段，其优势已经得到全社会的普遍认可，市场化补偿的案例也已经显示出了其优越性。本研究通过对碳汇补偿、排污权交易等市场化补偿手段的分析，并结合川滇生态屏障地区市场化生态补偿实例，研究生态补偿的市场化机制，可以丰富生态补偿理论。

1.2 国内外研究综述

1.2.1 国内研究

从现有文献看，我国对生态补偿的研究开始于20世纪80年代。三十多年来，随着对生态补偿问题认识和研究的深入，人们已经在生态补偿的重要性、生态补偿的界定与理论基础、生态补偿的模式等方面取得了众多成果。

1.2.1.1 生态补偿的重要性

在生态补偿的重要性方面，杜受祜认为巩固西部大开发生态建设的成果，从根本上说就是要处理好经济大开发和生态环境大保护之间关系的问题（杜受祜，2007）；邓玲认为生态补偿机制是生态文明发展战略的实现机制（邓玲，2009）；陆亨俊用生态学原理对生态补偿进行了研究，认为如果违背生态学的原理，不对环境进行生态补偿，就会导致生态系统的崩溃（陆亨俊，2002）；孙新章、周海林从收入分配的角度研究生态补偿问题，认为实施生态补偿是解决收入分配不均的有效手段（孙新章，等，2008）；王健从我国主体功能区对区域经济的影响方面研究了生态补偿的重要性，认为健全和完善生态补偿机制，有利于加强生态环境保护，构建和谐社会（王健，2007）；邓培雁等人研究了湿地退化的成因及补偿，认为没有对湿地保护的外部性进行补偿，才会产生湿地退化的代内外部性，只有提高人们对湿地价值的认识，建立生态补偿机制，才能真正实现湿地保护（邓培雁，等，2009）；从公平的角度来讲，生态环境保护政策的缺失使得生态效益以及相关经济效益在保护者与受益者、破坏者与受害者之间存在分配不公平的现象，保护者未获得有效的经济激励，而破坏者未承担环境责任或付出环境代价（李文华，2006）。因此，后续有学者认为合理的生态补偿机制是实现生态公平的重要途经（王爱华，2012）；严海等（2018）认为生态补偿作为当下应对生态环境恶化的有效手段，体现了国家在环境治理领域的现代化趋向。

上述研究分别从自然生态角度、经济发展角度、公平角度、社会发展角度和具体生态保护角度对生态补偿的重要性进行了论述，认为建立生态环境的自然、经济补偿机制是保护环境、实现经济社会发展、构建和谐社会的必要途径。但是从已经检索到的论文看，国内研究主要针对政府主导的补偿机制，对生态补偿市场化重要性的研究较少。

1.2.1.2 生态补偿的界定与理论基础

在生态补偿的界定方面，不同的学者给出了不同的定义。生态学将生态补偿定义为“自然生物有机体、种群、群落或生态系统受到干扰时，所表现出来的缓和干扰、调节自身状态，使生存得以维持的能力，或者可以看作生态负荷的还原能力，或者是自然生态系统对由于人类社会、经济活动造成的生态破坏所起的缓冲和补偿作用”（环境科学大辞典编委会，1991）。我国林业学者张诚谦于1987年在国内首次提出生态补偿，他认为人类应当在生物、环境、经营等方面向生态投入能量、补助能量，这样就会大大提高陆地净初级生产力（张诚谦，1987）。经济学将生态补偿定义为：减少外部性不经济，以达到环境保护的收费手段（毛显强，等，2002）；或调节生态保护者与受益者之间利益的制度安排（沈满洪，等，2004）；梁丽娟等人运用博弈论对流域上下游的生态补偿进行了研究，认为生态补偿是下游对上游地区为保护环境而付出的代价进行经济补偿（梁丽娟，等，2006）；刘玉龙等人研究了新安江流域的生态补偿机制，认为流域生态补偿是国家对流域内因生态保护而丧失发展机会的居民进行资金、技术及政策上的补偿（刘玉龙，等，2006）；常杪和邬亮对流域生态补偿机制进行了研究，指出流域生态补偿机制是指对维持和改善流域生态服务，在政府、企业和个人之间进行的经济激励的组织安排（常杪，等，2005）；周大杰等人研究了水资源公平利用的经济政策，并从广义和狭义比较全面地界定了流域生态补偿，认为从狭义的角度，生态补偿是对人类的社会经济活动给生态系统和自然资源造成的破坏和对环境造成的污染的补偿、恢复、综合治理的一系列活动，从广义的角度，生态补偿还应包括对环境保护区域内居民的机会成本，在资金、技术、实物上的补偿和政策上的优惠，以及为提高环境保护意识，提升环境水平而进行的教育、科研等费用的支出（周大杰，等，2005）；葛颜祥（2012）认为生态补偿机制是环境政策转变的一种产物，由最初的命令式强制实行生态保护到现在的通过机制设计激励企业或地方政府进行环境治理。《中华人民共和国环境保护法》第三十一条明确“国家建立、健全生态保护补偿制度”，提出国家指导受益地区和生态保护地区人民政府通过协商或者按照市场规则进行生态保护补偿。此外，也有学者认为生态补偿是一个典型的地理学研究命题，我国学者生态补偿研究主要围绕水流域、土地、草原、森林等的污染、破坏和保护，在区域内部及区域之间展开的对受影响的生态系统“服务”进行以经济、政策行为等为补偿手段的人类社会经济活动，是一个典型的地理学研究命题（曹莉萍，2016）。

本书认为，上述研究尽管从生态补偿理论的角度，对生态补偿的概念进行了较为全面的界定，但是没有考虑生态补偿制度实施问题。从市场化生态补偿实施角度，笔者认为，生态补偿是生态保护者（生态产品提供者）与生态受益者（生态产品消费者）之间的利益再分配活动，通过这些活动，减少、消除生态保护的外部性，实现生态保护过程中的资源有效配置；生态补偿机制是为实现生态补偿，以及确保生态产品市场作为资源配置的有效性而实施的一系列制度安排。

生态补偿的理论基础方面，中国21世纪议程管理中心可持续发展战略研究组从经济的外部性方面进行了研究，认为生态补偿的基本原理是当发展过程中存在外部环境不经济时，获益一方应对外部环境受到损害的一方进行赔偿；而当一方为保护环境放弃发展机会时，其应当获取相应的补偿（中国21世纪议程管理中心可持续发展战略研究组，2007）；沈满洪等人认为生态补偿有三大理论基础，即外部性理论、公共产品理论和生态资本理论（沈满洪，等，2004）；王丰年将消费补偿理论作为生态补偿的另一个理论基础，他认为人类消费中包含了对环境的消费，因此生态补偿应该考虑对未来环境治理产生的费用进行补偿（王丰年，2006）；宗臻铃等人认为流域生态补偿的理论基础主要有生态资源有偿使用理论和效率公平理论（宗臻铃，等，2001）；方复前运用科斯理论，分析了生态市场交易的前提，即产权明晰、产权交易自由和低交易成本（方复前，2000）；此外，李文国（2008）、俞海（2007）研究了生态补偿的公共产品的供给理论；孔凡斌研究了生态补偿的可持续发展理论基础（孔凡斌，2007）。

从国内对生态补偿的理论研究看，多数研究集中在生态补偿的必要性与可行性，对于生态补偿的市场化研究方面，仅仅停留在是否能够通过市场手段实现生态补偿，对于实现生态补偿的方法研究较少。

1.2.1.3　生态补偿的主客体

生态补偿主客体的研究方面，胡仪元认为生态补偿的主体是参与生态活动的各关系人，包括公共主体和市场主体。公共主体即政府，其政策是其他企业等市场主体决策的依据，市场主体是生态补偿过程中的微观主体，包括生态破坏者、维护者和培植者。人—资源—经济社会的协调发展则是生态补偿的客体（胡仪元，2005）。多数学者则认为生态补偿的主体应该是补偿方，而生态补偿的客体则是被补偿方（杨丽韫，等，2010）。邓培燕在对湿地生态补偿的研究中指出，由于湿地生态效益的受益者具有全球性，因此生态补偿的主体应该具有层次性（邓培燕，2009）。李京梅等人在研究填海造田生态补偿中，根据产权确定补偿的主体，海洋属于国家所有，因此补偿对象应该是国家（李京梅，等，2010）。崔金星等人研究了西部生态补偿机制，并对西部生态建设、资源与产品输出、重要生态功能区与生态工程建设和西部内部环境资源开发等生态建设项目主体之间的关系进行了研究，并在此基础上提出了完善我国西部生态补偿的法律体系（崔金星，等，2008）。

确定生态补偿的主客体是建立生态补偿机制的前提，从目前掌握的资料看，国内学者对于生态补偿主客体的界定还存在很多的争议，一般认为生态补偿的主体即为补偿者，客体即为被补偿者；也有学者认为生态补偿的主体是生态补偿的参与者，包括被补偿者和补偿者，补偿的客体则是生态资源。

1.2.1.4　补偿额度的计量

在补偿额度计量的重要性方面。赖力等人认为生态补偿的核心是补偿标准，其影响补偿的效果和可行性（赖力，等，2006）；杨光梅等人则从生态补偿实施角度研究生态补偿标准，认为由于关系补偿主体的利益，标准确定难度大（杨光梅，等，2007）；郑海霞等人在对流域生态服务补偿标准的研究中，将生态补偿的计量看作流域生态补偿的核心（郑海霞，等，2006）；但由于其特殊性，很难估算流域性支付补偿的数额和具体成本效益，因此，生态服务市场大多只限于部分特殊生态环境需求的区域（张陆彪，郑海霞，2004）；近年来，生态足迹分析法（ecological footprint）已成为一种定量度量人类利用自然资源程度的方法（段铸，2016）。

生态补偿额度确定的影响因素方面。王海良认为，生态补偿标准只是补偿过程中的参照，其确定需要考虑所涉及的课题的经济价值和生态价值（王海良，2006）；郑海霞等人在流域生态补偿标准研究中指出，生态补偿标准的确定需要考虑利益相关者的支付意愿及支付能力（郑海霞，等，2006）；刘青认为，生态补偿是一种经济行为，由于货币是衡量生态补偿的形式，其标准根据不同的分类会有所不同（刘青，2007）；冯艳芬等人根据生态补偿的性质将补偿标准确定为恢复保护性标准、出让性标准和约束性标准（冯艳芬，等，2009）；徐琳瑜等人认为水库具有自然价值、社会价值和经济价值，并从生态服务价值方面确定了厦门莲花水库的生态补偿标准（徐琳瑜，等，2006）；黎元生等人研究了矿山生态补偿，指出现有矿山资源开发的补偿标准，主要是按照矿山开发造成的环境破坏计算的“恢复治理保证金”（黎元生，等，2008）；王立安研究了生态补偿对贫困农户的影响，认为补偿标准是生态补偿的核心，确定补偿标准时必须考虑农民的机会成本（王立安，2011）；谭秋成（2014）认为资源在经济活动或生态维护的利用边界实际上是经济收益与生态收益的相等之处，生态补偿的最低标准便是资源用于经济活动产生的边际收益。

确定补偿额度的方法方面。张志强等人用条件价值评估法（CVM），调查了黑河流域居民对张野地区生态恢复服务的支付意愿（WTP）（张志强，等，2002）；沈满洪等人从供给和需求两个方面对千岛湖生态补偿额度进行了研究，供给方面考虑生态保护投入与居民的经济发展成本，需求方面考虑下游居民的支付意愿（沈满洪，等，2004）；汤吉军认为生态资源存在不可逆性，因此可以使用实物期权法对生态补偿额度进行核算（汤吉军，2009）；韦惠兰、葛磊运用主观评价法（SVA）构建了生态保护区的生态补偿模型并对其进行量化（韦惠兰，等，2008）；耿涌等人运用水足迹法计算了碧流河流域的生态补偿标准（耿涌，等，2009）；相伟从生态建设成本的角度研究了吉林退耕还林的补偿标准（相伟，2006）；熊鹰从生态效益的角度计算了洞庭湖湿地恢复的补偿标准（熊鹰，2006）；蔡邦成从生态建设成本与生态效益结合的角度计算了南水北调的补偿标准（蔡邦成，2008）；黄富祥等人利用定性与定量相结合的方法，计算了退耕还草的生态补偿标准（黄富祥，等，2002）；熊鹰等人考虑将农户的损失作为洞庭湖湿地生态补偿的依据（熊鹰，等，2004）；白宇将投入成本作为衡水湖湿地补偿的依据（白宇，2011）；李芬等（2009）、姜宏瑶等（2011）将农户受偿意愿作为鄱阳湖湿地生态补偿的依据。

生态补偿的额度方面。杨开忠等人调查了环境质量改善的支付意愿，认为环境付费占家庭收入的1%较为合理（杨开忠，等，2002）；庄国泰等人研究了企业生态付费的支付额度，认为企业在生态环境方面的支出占其全部销售额的1%～3%较为合理（庄国泰，等，1995）；熊凯（2014）估算鄱阳湖生态服务功能价值为365.64亿元/年，湿地农户的受偿意愿为82.96亿元/年，鄱阳湖湿地行政区内部和外部生态补偿标准总值分别约为 86.88 亿元/年和 84.91 亿元/年；李晓燕（2016）基于生态价值量确定了耕地生态补偿标准，并以河南省为例指出 2014 年河南省整体可获得耕地补偿总量为 1 417.12 亿元。

国内对补偿额度的计量方面的研究主要包括：补偿标准的重要性、补偿额度确定的影响因素以及确定生态补偿额度的方法三个方面。生态补偿额度的确定是生态补偿的难点，也是重点，国内对于生态补偿额度的确定主要从供给和需求两个方面进行核算，即治理成本、机会成本等供给成本和支付能力等需求因素。从现有文献看，由于市场化补偿机制案例少，国内没有涉及市场定价机制的研究。

1.2.1.5 生态补偿模式

胡仪元认为生态补偿机制要解决资金来源、应用及筹集管理问题，应该包括国家之间和国家范围内生态建设的资金与技术流动，生态下游地区对上游的补偿，局部不同行业或单位间的补偿（胡仪元，2005）；王蓓蓓将生态补偿模式分为政府补偿、市场补偿和 NGO 模式三种（王蓓蓓，2009）；王贵华、方秦华分析了国内外生态补偿的案例，认为我国应该加强市场化生态补偿机制的建设（王贵华，等，2010）；周映华认为政府主导的生态补偿模式在政府强势的地区易于实现，市场交易模式在经济发达地区易于实现，NGO 模式可以促进生态补偿的落实（周映华，2008）；李文华等人对我国生态补偿模式的基本框架进行了研究（李文华，等，2010）；谭秋成（2014）基于资兴东江湖案例对比分析了行政强制、谈判交易、公共服务三种补偿方式，认为行政强制会使信息租金或交易成本过高，可考虑谈判交易的方式。刘薇（2014）提出了生态购买、协商谈判、生态环境认证三种模式：其中生态购买模式是将生态服务或产品作为一种可供交易的产品，把生态资源的消耗者、生产者以及生态环境市场的缔结者有机结合起来，以企业、居民、委托代理为三方，通过生态购买的形式降低交易成本、提高生态建设效率；协商谈判模式由于受到监管难度的影响很难实现；生态环境认证则以产品环境标志认证为主，即引导消费者购买环境认证的环境友好型产品。

从国内对生态补偿模式的研究看，我国生态补偿模式以政府模式为主，NGO 模式为辅，市场模式较少。现有研究表明各种模式各有利弊，国外普遍使用的市场模式值得借鉴。

1.2.1.6 生态补偿项目

生态补偿项目方面，冉瑞平等研究了退耕还林的生态补偿机制，冉瑞平、刘燕、周庆行认为补偿额度过低、时间过短，应该建立长期、合理、稳定的生态补偿机制（冉瑞平，等，2007）；吕光明认为在退耕还林的补偿过程中应该考虑退耕农户提高收入的预期和丧失结构调整的机会成本（吕光明，2004）；贺思源研究了我国湿地退化的补偿，并提出了政策建议（贺思源，2009）；庄国泰等研究了我国矿山开采的补偿机制，认为目前矿山补偿主要是恢复治理费用（庄国泰，高鹏，1995）；张卫萍用成本效益分析法对晋西北退耕还林生态补偿的影响因素进行了分析，得出结论认为农户对退耕还林的经济效益的预期是决定因素（张卫萍，2006）；吴晓青、章锦河等研究了自然保护区的生态补偿，运用计量经济学分析了自然保护区各方的损失，并对补偿量进行了计算（吴晓青，等，2002）；章锦河运用生态足迹效率对九寨沟保护区居民补偿标准进行了测算（章锦河，2005）；朱桂香研究了南水北调的补偿机制，认为应该通过完善法律法规、建立专项基金、增收补偿税、实行生态标志等方式构建南水北调的生态补偿机制（朱桂香，2010）；陈钦对森林生态效益进行了分析，并提出了森林生态效益补偿的七项措施（陈钦，2010）。

从国内对生态补偿项目的研究看，研究内容主要集中在退耕还林、南水北调等大型项目上，研究方向集中在制度建设与补偿效果等方面。

1.2.1.7 生态补偿的制度安排

生态补偿的制度安排方面，任勇认为生态补偿机制的内涵是改善、维护和恢复生态服务功能，调整利益相关者因破坏或保护环境产生的利益分配关系的经济激励制度，其基本原则是内化相关活动产生的成本（任勇，2006）；胡仪元认为必须完善环境保护、生态产业和生态经济开发制度，建立和完善生态补偿制度才能实现生态保护（胡仪元，2005）；周劲松认为我国生态补偿制度存在制度缺失、补偿范围过窄和政府补偿额度比重不足等问题（周劲松，2010）；范弢认为实现滇池生态保护，需要整合现有的生态补偿法规，完善环境保护税收制度，建立绿色 GDP 体系认证制度，完善征集考核制度（范弢，2010）；此外，中国驻欧盟、俄罗斯、比利时、日本等国或地区的科技处对国外生态补偿制度的立法支持进行了相关研究（外交部，2007）。

从对生态补偿的制度安排方面研究的文献看，国内学者普遍认为生态补偿法律法规缺失，是阻碍我国生态补偿发展的重要因素，需要通过整合现有制度，建立、健全生态补偿法律法规体系，保障生态补偿的顺利实施。

1.2.2 国外研究

国际上一般将生态补偿称作“生态或环境服务付费（payment for ecological/environmental services，PES）”，其内涵与中国的生态补偿机制概念没有本质区别，其核心和目标即生态服务功能，环境服务付费是以资源交易为理念，代替管制的一种市场手段。国外的研究主要针对生态付费行为进行，主要包括生态付费的定价、生态交易的形式等。

1.2.2.1 生态补偿的概念及重要性

生态补偿发展组织认为，生态补偿机制是生态受益者通过一种灵活的和直接的方式，给使用自己土地提供生态服务的生态提供者支付生态补偿。该组织研究了美国农业保护、澳大利亚斯塔马尼亚森林保护及印尼的生态补偿案例，并提出了生态补偿方案（生态补偿发展组织，2010）。人类活动导致全球生物多样性和生态系统的逐渐丧失，从而改变了地球的生物化学循环（Steffen 等，2015），而土地所有者对其土地上产生的生物多样性和生态系统服务缺乏补偿常常被认为是造成这些损失的原因之一（Rands，2010；Bullock，2011；Guerry，2015）。为了解决这一问题，相关人士开发了生态系统（环境）服务（PES）的付费机制（Engel，2008；Wunder，2008；Muradian，2010）。

Ignacio Schiappacasse 等人运用市场估值法，根据市场价格对智利中部干旱地区植树造林的成本进行了估算，运用条件价值法对植树造林的经济效益进行评估，结果表明只有贴现率为负 2%时，净现值为正，即只有存在政府补贴时，土地所有者才会对生态退化进行干预；Nigussie Haregeweyn 等人研究了埃塞俄比亚西部城市巴塞德尔城市扩张中的生态补偿问题，认为城市的过度扩张将会对未来的生态、经济和社会造成严重影响。

1.2.2.2 生态补偿的补偿方式

国外最早是利用经济手段提供生态服务（生态补偿），例如财政刺激在芬兰和东英格兰的草原生态保护中发挥着重要作用（J. Morris，2000）。R. Muradian 等人从经济体制和政治问题等方面分析了生态补偿的可实现性，认为以科斯理论和纯粹市场主导的生态补偿很难在现实中操作（R. Muradian 等，2012）。S. Klimek（2008）研究指出通过设计以市场为基础的、区域规模的补偿项目，可以实现草地管理中生态保护和农产品供给、收入多样化等多个目标。Daily 等人认为之所以没有大规模的生态投资是因为没有科学方法对生态效益进行评估，他以夏威夷为例，考虑个人、企业、政府三者的共同利益，建立决策框架（Daily 等，2009）。J. Blignaut（2010）在对南非马洛蒂德肯拉斯山脉的草原生态系统保护的研究中发现，通过付费实现的生态系统保护产生的效益远高于普通的水资源发展计划项目。Bohlen 等人对美国佛罗里达州农业环保计划进行了分析，认为合理可行的生态补偿方案应该考虑成本效益、环境监管、利益相关者等方面（Bohlen 等，2009）。

许多发达国家早在20世纪八九十年代开始就已建立起国家或地区的环境标志制度，例如日本的生态标志制度、美国的绿色签章制度、法国的NF环境认证、葡萄牙的生态产品认证等。环境标志制度旨在引导消费者的绿色购买行为，使消费者形成绿色消费偏好，促使更多的人购买低污染、低消耗的环境友好型产品。

拍卖机制是欧盟国家农业生态补偿的重要支付工具和手段。拍卖机制的实施必须以市场为基础，生态产品作为公共产品，需要政府通过拍卖手段吸引农业生产者在生产农产品的同时替代政府提供农业生态产品，并以生态补偿形式支付给生产者一定的报酬和奖励。在拍卖机制下，农业生态产品的拍卖价款就是其生态补偿的支付水平，其最终的结果受到生态产品本身质量的影响。

1.2.2.3 生态补偿的原则

世界农林中心提出了VRCV框架，即生态补偿必须具备现实性、自愿性、条件性和有利于穷人四个基本条件（Noordwijk等，2005）；Freyfogle认为美国的生态补偿制度没有考虑土地主的财产权利，不平等的补偿给相邻土地主造成了不公平，在生态补偿过程中，应该兼顾生态保护与私人权利（Freyfogle，2007）；Rocco Scolozzi等人对切割、分散的生态区域的生态价值进行了研究，并得出链接生态块间的生态补偿更为重要，应该对这些区域进行优先补偿（Rocco Scolozzi等，2012）。

1.2.2.4 生态补偿的效果及影响

Roger Claassen等人对美国农业环境计划的成本效益进行了研究，认为该计划存在两个方面的不足，第一是招标方式降低了成本，但是这种方式很难全面进行，第二是有些时候该项目的程序未能实现提高环境效益的目标（Roger Claassen等，2008）；Stephanie Mansourian等人对热带森林、露天矿区的森林景观恢复等进行了研究，指出现有政策不利于生态补偿，碳汇与经济林建设是森林生态补偿的有效途径（Stephanie Mansourian等，2005）；Dorothea Kampmann等对生态补偿区农业环境政策的效果进行了调查，并研究了影响生态补偿效果的气候、社会和经济等因素，认为在高海拔地区，由于补偿与保护措施得当，生物物种得到了较低海拔地区更好的保护（Dorothea Kampmann等，2012）；Harold Levrel等人对佛罗里达沿海生态系统的生态补偿行为进行了分析，结果表明，生态补偿措施没能抵消因破坏造成的生态服务价值的损失（Harold Levrel等，2012）；Isaac C. Kaplan等人对美国西海岸加利福尼亚的禁渔政策进行了分析，认为该政策会导致加利福尼亚经济结构的变化，政府应该采取补贴、增加工作岗位等方式保障经济发展（Isaac C. Kaplan等，2012）；Uthes等人建立了两个模型，研究德国原补贴政策改为向农户单一支付后的生态效果，认为这种补偿方式会造成土地荒废和草场过载（Uthes 等，2008）；Heather Tallis 等对大自然保护协会（TNC）和世界野生动物基金会（WWF）实施的 103 个生态保护项目进行研究，结果表明近一半的项目为生物多样性项目，此外解决重大社会问题如儿童营养问题也是项目选择的重要方面（Heather Tallis 等，2009）；Kent H. Redford 等人分析了本地生物物种保护、政府政策、气候变化对生态的影响等七个方面的问题，认为只有解决了这些问题，才能真正实施生态补偿（Kent H. Redford 等，2009）。

1.2.2.5　生态价值的核算

Stephen C. Farber 认为生态付费的前提是生态价值与经济价值的量化，并对生态价值核算方法进行了分析和整合（Stephen C. Farber，2002）；Nabin Baral 等人对尼泊尔山区生态旅游支付意愿进行了研究，结果表明支付金额、家庭规模、顾客满意度和集团规模是决定游客支付意愿的主要因素（Nabin Baral 等，2008）；Liekens Inge 等人认为人口稠密地区由于土地资源稀缺，在规划过程中往往没有考虑其生态价值，他们以社会福利最大化为出发点，对比利时佛兰芒地区土地的生态价值进行调查，调查发现距离聚居区越远的人对森林的生态价值支付意愿越低（Liekens Inge 等，2012）。

综上所述，国外对于生态补偿的研究较为广泛深入，既有对补偿政策的影响、效果方面的研究，也有对具体项目、地区的生态价值与补偿的研究。从现有文献看，国外研究表明在生态脆弱区，必须进行生态补偿才能遏制生态退化，恢复生态系统；对于生态补偿的价格确定，一般采用市场投标竞价和条件价值估算两种。同时相关研究还表明，生态补偿是一个系统工程，生态补偿方案不仅要考虑补偿区域的生态恢复，还应该考虑相关的产业、相关地区的经济与社会发展等各方面因素。

1.3　研究内容、思路及方法

1.3.1　研究内容

本书以川滇生态屏障地区农业生态补偿为例，研究生态补偿市场化的基本模式，并对生态产品的支付意愿、接受意愿及市场化生态补偿的制度成本进行分析，以验证所建立补偿模式的可行性，最后提出了政策建议。

1.3.2 研究思路

本书以生态补偿的市场化为研究内容，首先，从国内外市场化生态补偿的案例分析出发，分析生态产品市场化的条件，提出市场生态补偿的模式。其次，结合川滇地区实际，以生态农产品为补偿客体，建立川滇生态屏障地区的生态补偿模式。再次，从需求角度对生态补偿的支付意愿进行调查分析，从供给角度对农民的接受意愿进行调查和分析，从制度经济学角度对交易成本进行分析，进而验证该模式的可行性。最后，提出相关政策建议。

1.3.3 研究方法与技术路线

本书采取文献研究、案例研究与实证研究相结合的方式，从三个方面对川滇生态屏障地区的农业市场化生态补偿机制进行了研究（见图1-6）：

（1）文献研究。通过对公共产品理论、市场理论及生态补偿理论等基本理论及国内外相关文献的分析，明晰研究的思路、研究的主要内容及突破点，以获得创新方向，并提出本书的概念框架。

（2）案例研究。以概念框架及相关文献为基础，通过规范的案例研究方法，选择国内外市场化生态补偿的成功案例进行分析，总结川滇地区生态补偿实践的成功与不足。

（3）实证研究。以概念框架及相关文献为基础，结合案例研究的结果，通过专家咨询及预调研方式，完善本研究的调查问卷。经过实地调研、电话及电子邮件等方式发放问卷，收集相关数据，并对问卷数据进行筛选。运用SPSS、Eviews等统计分析软件，构建多元回归模型进行相关数据分析，得出初步的分析结果。

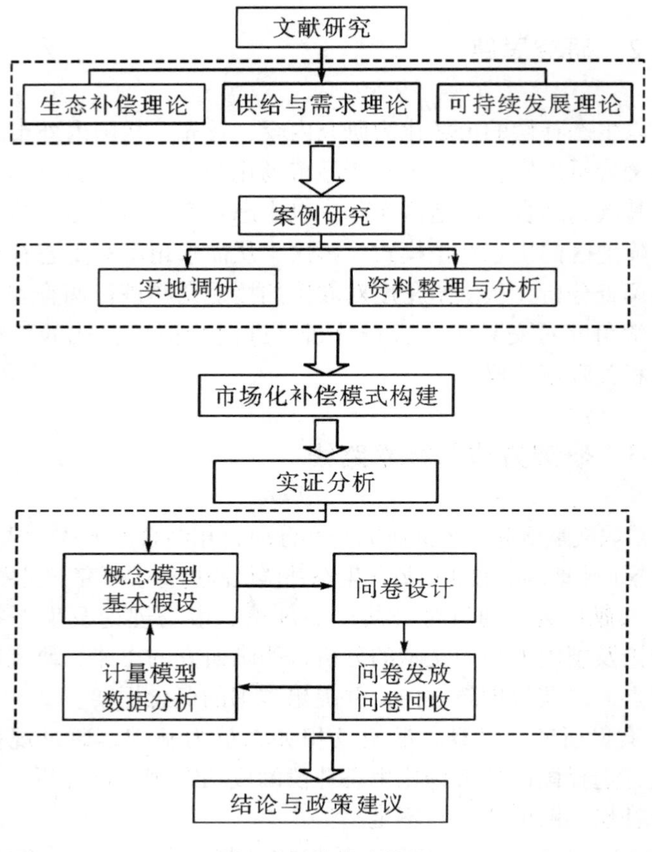

图 1-6 技术路线图

1.4 本书的创新

（1）本书根据我国主体功能区的划分，选择川滇生态屏障地区的生态补偿机制作为研究内容，在选题上具有一定的新意。

（2）本书结合食品安全体系，对农产品生态的补偿机制进行了设计，具有一定的创新性。

（3）本书采用条件价值评估法，对川滇生态屏障地区生态价值补偿的影响因素进行了分析，并首次对其补偿额度进行了厘定，具有一定的创新性。

2 概念界定及相关理论

2.1 概念界定

随着全球生态环境的恶化，人们越来越重视人类与环境的和谐共存、环境资源的可持续利用，生态补偿及其相关概念也因此被提出和认可。

2.1.1 生态补偿

（1）生态补偿的概念

关于生态补偿的概念，不同的学者给出了不同的定义，一般将生态补偿的界定分为狭义和广义两类。狭义的界定是指生物圈的自我调节与修复，如前所述，生态学将生态补偿定义为“自然生物有机体、种群、群落或生态系统受到干扰时，所表现出来的缓和干扰、调节自身状态，使生存得以维持的能力，或者可以看作生态负荷的还原能力，或者是自然生态系统对由于人类社会、经济活动造成的生态破坏所起的缓冲和补偿作用”（环境科学大辞典编委会，1991）。广义的界定除了生物圈本身的补偿行为，还包括生态环境建设者与使用者及其他利益相关者之间，调节其利益关系的制度安排及行为，如为减少外部性不经济，达到生态环境保护的收费手段（毛显强，等，2002）；调节生态环境保护者与受益者利益的制度安排（沈满洪，等，2004）。

国外很少使用生态补偿的概念，一般将生态补偿称为生态或环境付费（PES），其含义是生态服务具有价值，其使用者必须向提供者支付费用。如生态补偿发展组织认为，生态补偿机制是生态受益者通过一种灵活的和直接的方式，支付给使用自己土地提供生态服务的生态提供者。

本书从生态补偿的实施角度出发，将生态补偿定义为：生态保护者（生态产品提供者）与生态受益者（生态产品消费者）之间的利益再分配活动，通过明确责任与权力，采取政府补贴、市场交易等方式，减少、消除生态保护的外部性，实现生态保护过程中的资源有效配置。

(2) 生态补偿的内涵

从前面的对生态补偿的界定可以看出，两类定义既有区别又有联系。二者的区别在于关注点不同，生态学对生态补偿的理解在于生态环境自我调节、修复与更新的能力，以及人类活动对这种能力的影响。经济学则关注作为人类生存与发展所必须的资源的生态环境，应当如何在人类社会的经济活动中得到有效的配置与有效的利用。

尽管生态学与经济学对生态补偿概念的界定不同，但它们又有共同点，那就是它们的根本立足点都是生态环境，都关注生态环境的保护，关注人类社会与生态环境的协调发展。从人类过度、无序地对自然资源的掠夺，对生态环境的破坏，到生态补偿概念的提出并深入人心，再到生态补偿的实践开展，人类正在深入认识自我、认识自然界、认识人类社会与自然界协调发展。

从这个意义上说，笔者认为生态补偿的内涵就是对生态环境的关注，是人类社会与生态环境的和谐共处和共同繁荣。

(3) 生态补偿的原则

关于生态补偿的原则，不同的社会组织出于对生态补偿项目的实现目标的不同考虑，则有不同的观点。如前所述，世界农林组织的RUPES项目阐述了3E框架和VRCV框架原则。我国政府也提出了相应的“谁开发谁保护，谁受益谁补偿”的补偿原则。综合现有文献，笔者认为生态补偿应该具备以下四条原则：

公平性。公平性是指生态补偿应该促进资源与社会福利的公平分配，即实现较高资源消耗者或生态环境的破坏者，向低资源消耗者和环境保护者付费，从而实现社会公平。如我国退耕还林补偿过程中，由于当地农民将农田用来植树，产生经济成本，同时采取封山育林的保护措施也降低了农民收入，但他们不是生态效益的全部受益者，因此应该对其给予补偿。

经济性。经济性是指生态补偿应该促进环境与资源的配置以及使用效率，从而实现减少资源浪费、保护环境的目标。例如，在生态旅游补偿过程中，通过景区对当地农民的补偿，旅游景区获得了生态旅游资源的使用权，从而实现了生态资源的有效配置。

合理性。合理性是指补偿行为具有合理性，即补偿主体之间存在合理的联系，补偿关系具有正当性。例如水资源补偿过程中，由于上游对水污染进行控制与治理，使下游水资源使用者受益，二者之间通过水资源的利用存在联系，并产生成本与受益，因此具有合理性。再如，我国政府就是从生态补偿的合理性出发，提出了“污染者付费、受益者付费、使用者付费和保护者得到补偿”的原则。

现实性。现实性是指补偿行为的可实现性，具体地说，补偿主体具有明确性，对补偿主体的保护与恢复具有可测性，补偿者与受补者之间存在制约关系。如碳汇贸易过程中，碳排放量、森林的固碳量、草地的固碳量具有可测性；由于《京都议定书》制定了各国的减排义务与排放指标，各国政府也规定了相应的减排措施，由此形成了固碳者与碳排放者之间的互利关系。

（4）生态补偿的实施

从生态补偿的实践看，生态补偿主要通过一系列的制度安排，明确补偿者与被补偿者在生态保护过程中的责任，规定双方的义务，从而确定二者之间的关系，并通过政府行为或市场行为实现补偿。

生态补偿的制度安排方面，国外如美国的农业环境计划、德国的生态补偿原则法案，国内如关于开展生态补偿试点的指导意见、国务院关于完善退耕还林政策的通知、生态环境保护纲要、水污染防治法等都属于或包含生态补偿制度。

生态补偿范围方面，目前国内主要集中在 5 个方面：重大生态灾难补偿（如国际方面的碳汇贸易补偿、我国的三北防护林建设等）、重要生态区域补偿（如母亲河工程、三江源保护等）、重大项目补偿（如三峡移民工程、南水北调工程等）、流域生态补偿和矿山开采补偿。

2.1.2 市场化生态补偿

（1）市场化生态补偿的概念

市场化生态补偿是一系列的制度安排，包括法律、法规、制度、规则等。通过这些制度安排，明确生态资源的产权，建立生态产品与服务的交易体系，打造生态市场，进而利用市场在资源配置中的作用，实现生态产品与服务的使用者对提供者付费。

这些制度安排，包括生态补偿内容的确定，补偿主客体的识别，补偿模式设计，补偿额度的厘定等内容。

（2）市场化生态补偿的特点

市场竞争可以促进补偿额度的合理化。市场化生态补偿的最大优势是其补偿额度的确定方式。由于存在市场竞价，多个生态服务的供给者与需求者通过竞价确定补偿额度，从而可以实现市场出清，保障生态服务的供给。当补偿额度过低时，生态服务的供给者会减少生产，从而使生态服务的价格提高，补偿额度增加，继而促进供给；相反，补偿额度过高时，更多的生产者加入会提供更多的生态服务，从而压低价格。可见，市场竞价可以保障生态补偿额度的合理性和生态服务供给的数量，实现生态补偿的目标。

市场化补偿可以提高补偿资金的使用效率。目前国内外市场化生态补偿项目实施的经验显示，市场竞争促进了监督与管理机制的完善，从而使得市场化生态补偿的监督较其他模式更完善。例如，碳汇贸易补偿和美国湿地银行补偿过程中，碳金融机构和湿地银行等除代理客户的购买行为外，还作为项目执行的监督机构，对参与生态补偿项目的实施效果进行监控与监督。此外，社会监督也是市场化生态补偿的重要组成部分，通过社会监督，可以进一步提高市场化生态补偿机制的补偿效率。

市场补偿可以保障对生态服务的全面补偿。由于行政权力的有限性，政府补偿不可能涉及生态补偿的每一项内容，即无法实现全面补偿。相比之下，市场补偿则由于参与主体的多元化与竞争机制，而扩大了生态补偿的范围，从而使市场化生态补偿具有拓展性，保证了生态保护的全面性，即实现生态补偿的帕累托最优。

尽管市场化生态补偿可以通过价格调节生态服务的供给与需求，从而实现市场均衡、社会福利最大化；但是这种价格调控，受到多种因素的影响，有时不但不能全面体现生态服务市场的供给与需求情况，还可能会出现严重偏差，如补偿额度过低，从而影响补偿效率。例如，受国际金融危机的影响，碳汇贸易的价格降至几美分，从而使碳汇补偿体系几乎崩溃，碳汇补偿的效果更无从谈起。

2.2 相关理论

对于生态补偿的理论基础，不同学者有不同的观点，主要有：外部性理论、公共产品理论和生态资本理论（沈满洪，等，2004），科斯理论（方复前，2000），消费补偿理论（王丰年，2006），可持续发展理论（孔凡斌，2007），生态资源有偿使用理论和效率公平理论（宗臻铃，等，2001）等。从现有文献看，外部性理论、公共产品理论和科斯理论被公认为生态补偿的三大理论基础。

本书认为，市场化生态补偿的理论基础应该包括生态补偿的三大理论基础（外部性理论、公共产品理论和科斯理论）、供给与需求理论和可持续发展理论。

2.2.1 生态补偿的三大理论基础

（1）外部性理论

外部性是指生产者的生产行为所产生的社会效益高于其所获得的收益，即经济单位所获得的收益小于其产生的社会效益，由此形成外部经济；或消费者的消费行为所产生的社会成本高于其付出的成本，即经济单位所付出的成本小于社会成本，由此产生外部不经济。

由于存在外部经济与不经济，以追求个人利益最大化为前提的经济人，会因为其付出的成本低于社会成本而增加产量，同样由于其获得的收益小于其产生的社会效益，生产者会减少产量，因此不能出现帕累托最优，即市场在该领域不能发挥资源配置作用，出现市场失灵。

在生态产品供给过程中，由于生态产品的提供者所获得的收益小于其产生的社会效益，因此，会出现生态产品与服务供给不足，需要通过补偿实现生态产品与服务的有效供给。

（2）公共产品理论

公共产品是这样一类产品或服务，它不会因某个人对其消费而使他人的可消费数量减少。因此，公共产品与私人产品相比有三个特征：效用不可分割性，即不能像普通产品那样将该类商品分割出售，如道路、治安都具有不可分割性；消费非竞争性，即不因某个人的消费而减少他人的可消费数量，如路灯不因某个人使用而影响他人使用；受益非排他性，即不付费也可以使用。

这些特征使得公共产品的消费存在过度利用和不付费现象，也就是我们说的“公地悲剧”和“搭便车”现象，而该类产品的提供者则因不能得到应有的报酬而减少产品的供给，出现供给不足。因此，公共产品不能通过市场来进行资源的有效配置，也就是说在公共产品的资源配置过程中会出现市场失灵。

生态产品与生态服务，如良好的环境、清洁的空气，由于同时具备效用不可分割性、消费非竞争性、受益非排他性，属于公共产品，其供给会出现市场失灵，需要对提供者进行补偿，以保障其利益。

（3）科斯理论

科斯理论指出，只要财产产权明确，并且交易成本为零或很小，无论最初产权属于谁，市场均衡的结果都是有效率的，即可以通过市场实现资源配置的帕雷托最优。科斯理论以产权明确和交易成本为零为基本假设，认为在两个前提下可以杜绝因外部性等原因造成的市场失灵。

科斯理论为生态补偿的市场化提供了理论依据，在产权明确的情况下，只要交易成本为零或很小，就可以实现生态资源的市场配置。

2.2.2 供给与需求理论

（1）供给理论

供给理论指出，在其他条件不变的情况下，一种商品的供给量与价格之间呈正方向变动，即供给量会随着商品的价格上升而增加，随商品价格的下降而减少。供给理论为我们展示了商品供给量与价格之间的关系，但是在存在正外部性等市场失灵条件的情况下，由于价格不具有真实性，因此供给量会减少。

（2）需求理论

需求理论指出，在其他条件不变的情况下，一种商品的需求量与其价格之间呈反方向变动，即需求量随着商品本身价格的上升而减少，随商品价格的下降而增加。需求理论描绘了商品需求数量与其价格的关系，但是在消费过程中存在负外部性的产品，由于消费者（生产消费或生活消费）付出的成本会低于其消费所产生的社会成本，会出现过度消费现象，即需求量会增加。

（3）生态产品的供给与需求

生态产品属于公共产品，同时还具有外部性，因此会出现过度消费和供给不足现象。如图 2-1 所示，由于存在市场失灵，生态产品的提供者获得的收益低于其产生的效益，因此供给曲线向右移动，由 D_1 移至 D，供给量由 Q_1 降低至 Q；同样，由于消费者所付出的成本小于社会成本，需求曲线 S_1 向右移至 S，相应的均衡供给与需求量也由 Q_2 增加至 Q。

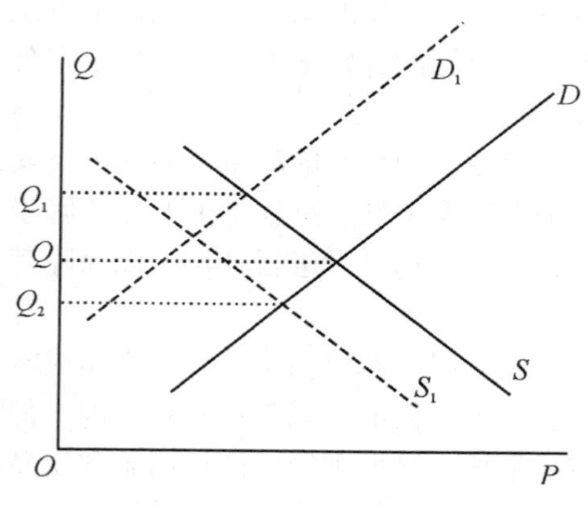

图 2-1 生态产品的供给与需求

2.2.3 可持续发展理论

(1) 可持续发展的概念

1992年联合国环境与发展会议在里约热内卢召开，会议制定了《里约环境与发展宣言》，将可持续发展的概念界定为：通过保护环境和确保公正性，保证后代能够获得自然资源和到目前为止只有少数人能够享有的良好的生活条件；发展要充分尊重和利用自然资源，实施节约。

(2) 可持续发展的内涵

可持续发展是以环境生态平衡的理念整合眼前的发展和长远的目标，以当代人与子孙后代的最大福利为最终目标，不能把发展看成一种只是提高生产效率的投资过程。可见，可持续发展的内涵是通过对资源的有效利用与对环境的保护，实现代内与代际的公平与永续发展。

(3) 可持续发展的原则与途径

从可持续发展的概念可以看出，可持续发展必须具备公平性原则、可持续原则和共同性原则。公平性原则体现在可持续发展不仅关注代内的公平，满足本代人的需要和对美好生活的憧憬，还关注代际公平，满足当代发展需要的同时不能影响子孙后代对自然资源的使用权。可持续原则体现在，经济发展对资源的消耗必须维持在资源环境可承受的范围之内，不能毫无节制地滥用资源，不以牺牲环境为代价发展经济。共同性原则是指只有全球共同行动遵循可持续发展，才能实现人与自然资源的互利共生与发展的可持续。

我国积极贯彻可持续发展理念，提出了科学发展观，控制人口数量、进行环境综合治理、转变经济增长模式、推动技术开发等方面已经取得了初步成效。

(4) 实施生态补偿是实现可持续发展的重要手段

实施生态补偿措施是实现可持续发展的重要手段，可持续发展是生态补偿的目标。首先，实施生态补偿可以提高资源的利用效率。通过生态补偿措施的实施，可以使资源消耗单位的外部成本内部化，促使其通过技术改造、加强管理等措施减少对资源的消耗，从而减少整个社会对资源的消耗。其次，可以增加生态资源的供给。生态产品的生产者（如森林种植者、新型能源生产者）可以在补偿过程中获得收益，从而降低其生产成本，使供给曲线与均衡供给量向右移动，增加生态产品的供给，即增加人类可利用的生态与环境资源。最后，实施生态补偿可以促进人与环境的协调发展。通过生态补偿措施的实施，可以推动人们积极参与环境保护与治理工作，从而深化人们对自然环境的认识，促进人与环境的协调发展。可见，实施生态补偿是实现可持续发展的重要手段。

2.2.4 生态文明理论

（1）生态文明的概念

生态文明是指人类遵循人与自然和谐发展这一客观规律，取得的物质和精神成果的总和，也指以人与自然、人与人、人与社会和谐共生、全面发展、持续繁荣为宗旨的文化伦理形态。生态文明是对工业文明片面夸大人类的主体作用的人类中心论，以及把人与自然对立，认为人类是自然的主人和拥有者的价值观的深刻反省，是人类对人与自然关系的重新认识，是迄今为止人类社会发展的最高文明形态。

（2）生态文明的内涵

生态文明是关于发展的世界观和方法论，以可持续发展为指导思想，以构建资源节约、环境友好的生产、生活和消费方式为主要任务，以经济发展与人口、资源、环境相协调，使人们在良好的生态环境中生产生活，实现经济社会的永续发展为目标。

可见生态文明的内涵就是人类社会对自然生态的尊重，是人类社会与自然共生和共存的可持续发展。

（3）生态文明建设的内容

建设生态文明首先要在全社会形成生态环保理念。生态文明下道德关系不再局限于人与人之间，还应该包括自然界中的万事万物。建设生态文明就要通过媒体对公众宣传生态环保知识，加强广大社会成员对自然界的敬畏，树立人类社会与自然界相生共存的观点，进而自觉地尊重自然、保护自然。

建设生态文明必须构建资源节约、环境友好的生产、生活与消费方式。构建资源节约、环境友好的生产、生活与消费方式包括：转变增长方式，从粗放的增长模式向高产出、低消耗、少排放、能循环、可持续的增长方转变；调整产业结构，发展生态农业、生态工业、生态旅游业等生态产业；倡导绿色消费与绿色生活。

（4）生态文明与生态补偿

如前所述，生态文明是一种世界观，只有在生态文明社会中，生态补偿才能得到顺利和有效实施。第一，生态补偿的提出以生态文明为前提，只有人们尊重自然，重视与自然的和谐共存，生态补偿才能够被提出并得到实施；生态补偿的实施需要社会的监督，也需要生态文明世界观的形成。第二，生态补偿是建设生态文明社会的工具，只有采取生态补偿措施，才能避免对生态环境资源的浪费，实现人类社会与自然的协调与可持续发展。

3 国内外市场化生态补偿机制

3.1 国际补偿机制——碳汇补偿[①]

碳汇补偿是为应对全球气候变暖这一全球化环境问题，在《京都议定书》框架内，通过碳排放指标交易实现的国际间生态补偿项目。

3.1.1 碳汇贸易

1997 年，联合国气候变化框架公约（United Nations Framework Convention on Climate Change，UNFCCC），通过了旨在减少温室气体排放，以遏制全球气候变暖的《京都议定书》。《京都议定书》形成的履约机制包括：联合履约的机制（JI）、排污权交易的机制（ET）和清洁发展的机制（CDM）（沈文星，2010）。

碳汇贸易是对清洁发展机制下的项目所带来的碳减排量和碳吸收量进行交易的市场机制（洪玫，2011）。它是通过交易主体减少二氧化碳排放量，或通过植树造林、保护草场等措施增加碳汇，并将多余的碳排放指标转卖给其他主体，以抵消后者碳减排任务的活动。

碳汇贸易既是解决全球变暖的有效途径，又为实施生态补偿提供了有效的、可行的手段。目前归属于 CDM 机制的项目得到了世界各国的普遍认可，我国也积极参与到碳汇贸易的行动中，并取得了显著成效。截至 2011 年年底，我国已经在联合国注册 CDM 机制项目 1 771 个，占全球 CDM 机制项目的 46.9%；核准的预期减排量占全球的 63.9%（见图 3-1、表 3-1）。

① 本部分曾发表于《西南民族大学学报》。

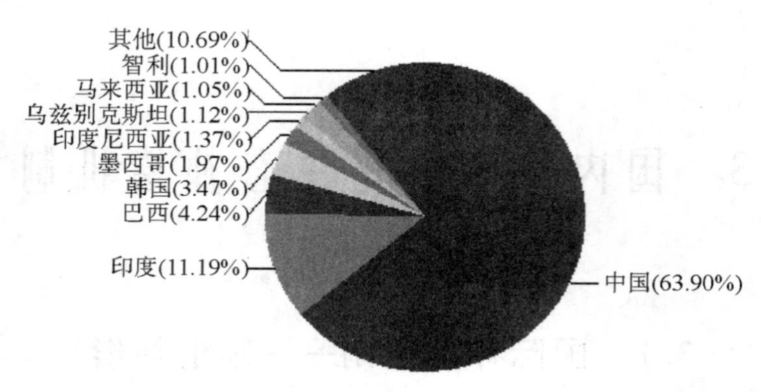

图 3-1 联合国注册的 CDM 机制项目核定的减排量饼形图

表 3-1 全球部分国家 CDM 机制项目实施情况表

国家	中国	印度	巴西	墨西哥	马来西亚	越南	印度尼西亚	韩国
项目数量/个	1771	775	201	136	105	91	73	66
占比/%	46.9	20.5	5.3	3.6	2.8	2.4	1.9	1.7

数据来源：联合国官网数据。

3.1.2 碳汇补偿机制的特点

碳汇补偿机制通过有效的制度安排，明确补偿的主客体和履约机制，并以市场为手段调节补偿额度，形成被各方所接受的、具有可操作性的补偿手段。碳汇补偿在运作机制及实践方面，可以作为川滇生态屏障地区市场化生态补偿机制建立的参考。

（1）碳汇补偿的制度安排

制度安排是指支配经济单位之间合作与竞争的方式的一种安排。制度安排旨在提供一种成员间的合作，获得一些在系统外无法获得的追加收入，或提供一种可影响法律或产权变迁的机制，从而改变个人或团体竞争的方式。碳汇贸易的制度安排是通过协约的形式，规定协约国的义务与责任，约定贸易的规则，以实现碳汇交易的合理化。

如图 3-2 所示，碳汇贸易补偿通过 CDM 机制和资源补偿机制两种渠道实现，表 3-2 为世界银行公布的 2007 年全球碳汇市场交易数据。

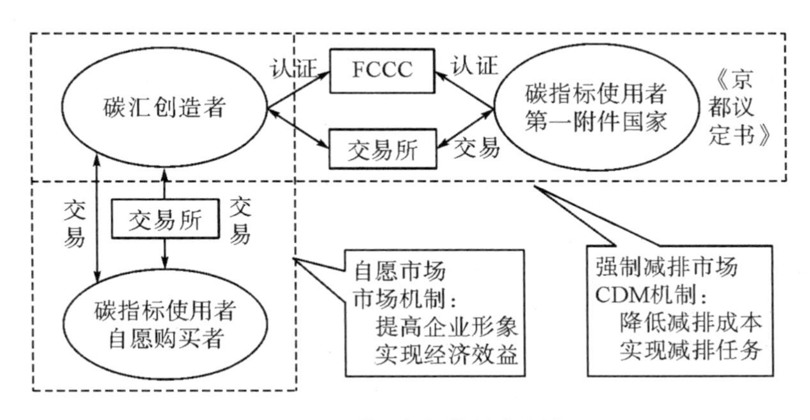

图 3-2 碳汇贸易的制度安排

表 3-2 2007 年全球碳汇市场交易数据

碳汇市场	交易量/$MtCO_2e$	交易额 /百万美元
欧盟 ETS	2 061	50 097
CDM	551	7 426
CMD 二次市场	240	5 451
澳大利亚 NSW	25	224
芝加哥 CCX	23	72
自愿交易市场	42	265

数据来源：世界银行官网数据。

CDM 机制项目，即清洁发展机制允许第一附件国家在非第一附件国家领土上实施减少温室气体排放的项目，以获得“经核证的减排量”抵减本国的减排义务。通过 CDM 机制的制度安排，以碳汇贸易的形式，可以实现第一附件国家向非第一附件国家的生态补偿。具体来说，碳汇贸易以《京都议定书》为基础，通过划分碳排放责任与义务，创造碳汇市场的需求与供给，通过碳交易所实现碳汇贸易，并通过联合国成立的专门机构从过程与结果两个方面，监督项目的实施情况。

自愿市场交易是指没有强制减排义务的企业或组织，通过购买碳指标抵减自身碳排放量的方式，实现自己的社会责任。它以企业或组织的利益最大化为基础，即通过履行社会责任，提升企业形象，进而提高市场占有率等经营指标，实现经济效益最大化。自愿市场交易丰富了碳汇贸易的形式，是促进碳汇市场竞争的重要力量。

无论是强制减排市场还是资源交易市场，都是在既定的制度安排下产生的，即通过《京都议定书》的签署，创造了强制减排市场，进而在市场机制的作用下，催生了自愿交易市场。可见，合理可行的制度安排是碳汇补偿机制形成的前提，正是在这一前提下，通过碳汇补偿促进川西北草原的生态建设才具有可行性。

（2）碳汇补偿主客体的确定

生态补偿主体的确定是生态补偿过程中的难点，碳汇补偿以碳汇为客体，通过划分责任与义务，由市场竞争确定补偿主体，符合“谁开发谁保护，谁受益谁补偿”的原则。碳汇补偿主体包括，补偿者——具有强制减排义务的国家和地区和自愿购买碳汇的企业和地区，被补偿者——碳汇提供者；碳汇补偿的客体及交易的标的物为碳指标。在碳汇补偿过程中，补偿的主体与客体各有特点。

具有强制减排义务的补偿者，由《京都议定书》规定的责任与义务产生，由于受到《京都议定书》和减排成本的制约，其具有相对的刚性需求，且需求数量较大，但其购买行为受政治影响较大，交易程序复杂，交易成本高。自愿补偿者由于其提高企业形象的方式具有选择性，因此购买行为受不确定因素影响较大，且需求数量较小，交易成本低，交易过程简单。川西北草原碳汇项目将目标市场定位于自愿交易中的资源补偿者，就是受到交易成本与交易程序的制约。

碳汇提供者多为生态脆弱区的贫困群体，他们虽然具有改善生活环境的意愿，但无法回避对经济发展的需求，其提供碳汇的行为受经济因素影响较大，同样具有不稳定性。因此，川西北草原碳汇项目选择农民组织作为补偿主体，以确保补偿措施顺利执行。

碳基金是碳汇贸易的居间交易者，它由政府或者私人发起成立，主要作为委托方为具有强制减排义务的委托客户服务，直接与所有方对经过核证的减排量进行合同谈判，并且依托自身的相关专业知识，参与项目可行性与可靠性的检查。一些基金还会购买经过核证的减排量，并在市场上销售。

碳汇补偿的客体——碳指标，用于碳汇贸易的碳指标必须是经过核证的减排量，由全球面临的最大环境问题——全球气候变暖引申而来，具有可测量、可分割、便于交易的特点，是碳汇补偿的核心所在。

可见，碳汇补偿是以合理的制度安排为前提，以可测量、可交易的补偿客体为基础，建立具有可操作的贸易规则来实现的。在碳汇补偿过程中制度安排、补偿客体的选择与贸易规则具有决定性作用。

（3）碳汇补偿额度及履约机制

碳汇补偿的补偿额度主要由市场确定，它通过购买者与需求者在市场中竞价确定碳汇的价格，从而确定补偿额度。由市场确定补偿额度，是碳汇补偿的主要特点之一，具有其合理性。目前，我国已经在北京、上海、天津相继成立了碳交易所，为碳价格的确定和交易提供了平台。

碳汇贸易一般周期较长，通过过程考核及终期考核确保合同履约。以草原碳汇为例，增加草原碳汇的措施主要包括禁牧、人工种草、围栏建设等。假定补偿年限为10年，则监督部门需要每年对禁牧情况、人工种草面积、围栏建设数量等进行考核，补偿金按照考核结果发放。10年期满后，相关部门通过对草原固碳量的测定确定是否继续履约。通过合同方式实现权利与义务的对等，确保补偿效果是碳汇补偿的又一个特点。

3.1.3 碳汇补偿机制存在的问题

碳排放权问题同时又是发展权问题，因此碳汇作为应对全球气候变暖的手段，自诞生之日就无法回避政治的影响。作为生态补偿机制也就不可避免地存在先天不足，这些不足主要表现在人为障碍、交易成本过高、补偿金额有限等方面。

（1）人为障碍限制碳汇补偿的实施

碳汇补偿的人为障碍主要表现在认证交易程序复杂和对补偿主体的限制两个方面。

CDM机制认证程序极其复杂，认证周期长，一般从层层审批到联合国认证并挂牌交易需要数年时间。漫长的认证交易程序严重限制了碳汇补偿的效力发挥，使碳汇补偿机制成为可望不可及的空中楼阁。

此外，碳汇贸易对补偿主体的限制也在一定程度上阻碍了补偿的实现。CDM机制排除以政府为单位的补偿对象，即碳汇贸易的签约方必须为非政府组织。而被补偿者往往具有经营规模小的特点，无力申报碳汇项目，也无法确保合同履约，因此不能获得补偿。

（2）交易成本高、交易周期长阻碍碳汇补偿的实现

碳汇的交易成本是限制碳汇补偿的另一个障碍。目前，全世界没有统一的计算碳汇的方法学，而一个完整的方法学与方案的开发动辄数百万美元，以小规模经营为主的农民根本无法承受这样巨大的费用。此外，碳汇的形成需要数年甚至是数十年的时间，这就决定了碳汇贸易即碳汇补偿的超长周期。因此，尽管CDM机制已经运行数年，成功交易的项目仍然不多（见表3-3）。

表 3-3　碳汇补偿的主要交易成本

项目	资金成本/万美元	时间成本/月
项目意见书	3～5	2～3
基线及额外性测算	30～60	6～24
效益评估	35～10	2～3
审核申报	10～15	3～4
谈判签约	15～20	3～6

数据来源：根据现有案例估算。

（3）补偿额度过低影响碳汇补偿的效力

碳汇价格过低是限制碳汇补偿效率的最主要因素。第一，由于受到市场波动的影响，碳汇补偿的额度具有不确定性且变动较大，无法完全保障被补偿者的利益。2011 年，受全球危机的影响，碳汇的交易价格就从 20 美元跌至几美分。第二，补偿金额过低，无法满足生态恢复的需要。

3.1.4　碳汇补偿的启示

从碳汇的补偿机制可以看出，合理的、可行的、基于市场的补偿机制必须具备以下内容：

（1）合理的制度安排是生态补偿市场化的前提

从碳汇补偿可以看出，《京都议定书》规定的减排义务与碳排放核算体系，是实现碳汇贸易的前提。可见，由于生态环境的外部性，只有通过制度安排明确产权与义务，才能实现生态产品的市场交易，进而实现生态补偿的市场化。

（2）完善、灵活的市场机制是生态补偿市场化的保障

碳汇贸易之所以能够顺利进行，联合国碳汇项目认证体系、碳汇交易所的设立、CDM 机制与场外交易机制，都是不可缺少的保障条件。因此，建设完善、灵活的生态产品市场体系，是市场化生态补偿机制的有效保障，包括生态产品认证体系、生态产品贸易机制、生态市场监管体系等。

（3）较低的交易成本是生态补偿市场化可持续的基础

自碳汇项目实施至 2011 年年底，全球在联合国注册的 CDM 项目仅 3 000 多个，除人为障碍与交易程序复杂外，另一个主要的原因是交易成本畸高，这与科斯理论的交易成本为零的理念严重冲突。因此从理论和实际两个方面，较低的交易成本都是生态补偿市场化的基础。

3.2 发达国家市场化生态补偿机制

发达国家对于生态环境方面的研究与实践起步较早，已经形成较为完备的具有自身特点的生态保护与补偿体系，本书对发达国家生态补偿的内容，以及美国、德国的生态补偿项目进行了分析，寻求我国生态补偿市场化的经验借鉴。

目前，发达国家生态补偿的内容较为全面，涉及流域生态补偿、生物多样性保护、矿产资源开发、旅游风景娱乐产业发展等多方面内容。例如，美国的环境激励计划主要属于流域生态补偿；湿地保存计划则是以保护生物多样性为主要目标；德国的易北河流域补偿项目则是对易北河水资源使用与保护进行补偿。

3.2.1 美国的市场化生态补偿机制

美国陆地面积916万平方公里，人口密度33.7人/平方公里；人均耕地0.7公顷，居世界第五位；生物物种超过17 000种，自然资源丰富。然而，与其他发达国家一样，美国经济的发展也带来了土地退化、生物物种灭绝、水资源污染等环境问题。

美国是最早实施生态补偿的国家之一，先后实施了土地保护性储备计划（CRP）、农业管理援助（AMA）、农业用水提升计划（AWEP）、自然保育管理计划（CSP）、保护创新资助（CIG）、环境质量激励计划（EQIP）、紧急流域保护计划（EWP）、野生动物栖息地保护计划（WHIP）等政府补偿项目，环境保护支出逐年增加，至2007年，环境保护的各类政府支出高达43.8亿美元（见表3-4）。

表3-4 2002—2007年美国环境保护支出统计表

单位：百万美元

项目	时间					
	2002年	2003年	2004年	2005年	2006年	2007年
土地保护性储备项目	2 069	2 074	2 135	2 129	2 122	2 196
在耕地项目	430	765	1 047	1 263	1 362	1 477
农用地维护项目	51	152	148	183	109	86
技术援助项目	679	712	742	696	687	627
合计	3 229	3 703	4 072	4 271	4 280	4 386

数据来源：www.usda.gov.

此外，美国还实施了数量众多的社会补偿项目：2011 年实施的生态补偿项目 7 个，发展项目 3 个；年补偿资金高达 15 亿~25 亿美元；新增土地保护面积 2.4 万英亩（1 英亩=4 046.856 422 4 平方米），累计保护土地面积 70 万英亩（见表 3-5）。

表 3-5 2011 年美国生态市场统计表

By the numbers-United State	
Numbers of active programs	7
Numbers of programs in development	3
Total known regional payments per annum	$ 1.5billion~ $ 2.4billion
Known credit types	168
Total known land area protected/restored per annum	24 000/700 000acres
Total know active and sold out banks	615

数据来源：《世界生态市场》（2012）。

3.2.1.1 环境激励计划——巴克岛牧场项目

在美国的生态补偿中，土地保护性储备计划与环境激励计划占总补偿额的绝大部分。20 世纪 30 年代，过度开发造成土地严重退化、沙尘暴频发，美国开始实施土地保护性储备计划（CRP），每年休耕土地 1 620万公顷，该计划除保护耕地外，主要目的是减少农作物种植数量，应对经济衰退。20 世纪 90 年代，随着社会对生态环境的关注，美国开始实施环境质量激励计划（EQIP），该项目涵盖水资源保护、耕地保护、湿地保护、生物多样性保护等多项内容，准入门槛较低，补贴额度也相对较少（2002 年以前 EQIP 项目年支出为 2 亿美元左右，2005 年达 10 亿美元，2010 年达 12 亿美元）。环境激励计划的资金根据一定的指标分配到各个州，由各州制定与之相适应的指标体系，并选择支付对象，新北沼泽地环境付费项目（NE-PES）即属于 EQIP 项目。

（1）巴克岛牧场项目概况

巴克岛牧场项目是佛罗里达八个牧场环境服务试验项目（FRESP）之一，后申请新北沼泽地环境付费项目（NE-PES）。该试验项目利用现有的排水设施创造季节性湿地，并出售水资源保存与磷含量降低两项环境服务获得生态补偿。

巴克岛牧场位于佛罗里达州的奥基乔比湖北部，总面积 10 500 英亩，拥有奶牛 3 000 余头，养殖规模位列佛罗里达州前 20 位。主要经济来源包括奶牛销售、草皮与棕榈销售、狩猎租赁和旅游、FRESP 实验收入（见表 3-6）。

表 3-6 2007—2009 年巴克岛牧场平均收入统计表

收入来源	占总收入的比例/%	客户
其他农业收入（草皮、棕榈）	3	草皮与树木收购商
狩猎租赁与旅游	3	运动与旅游爱好者
FRESP 实验	5	国家机构

数据来源：《未来农场——生态服务的生产场所》一书中载相关数据。

2007 年开始，世界银行、地方与联邦政府、农场主和研究人员共同在该牧场开展为期五年的佛罗里达牧场环境服务试验项目（FRESP）。FRESP 项目向牧场主提供资金支持，改善牧场的水资源管理系统，以储存水源、减少磷含量。改善内容包括修建和使用暗渠、蓄水池、护堤和水泵等水利设施。由于该项目投资少，且如果能够成功，还可以得到 NE-PES 项目的资金作为牧场的额外收入，因此牧场主非常愿意参与这项试验；此外，通过 FRESP 项目提供生态环境这样的公共服务，并展示他们的牧场管理是牧场主参与该项目的另一动力。

通过 FRESP 项目的实施，牧场已经对 3 700 多英亩草场的水资源管理系统进行了改进，通过改进的沟渠系统进行水资源的储存。除此之外，季节性湿地也是蓄水的重要工具，在雨季，平均每英亩可增加 0.6 英亩·英尺的蓄水量。

新的水资源管理系统带来了巨大的生态环境效益。首先，蓄水系统拦截了洪水，从而避免了营养物质被洪水从牧场带走。其次，水资源管理系统还大幅度降低了牧场的磷含量，降低了环境污染，检测显示该系统每年可减少 3 300 磅的磷含量。最后，季节性湿地有助于维持生态系统，蛙类、涉鸟数量迅速增加，这同时也吸引了更多的旅游者。

FRESP 项目还为牧场主带来了客观的经济效益。在 FRESP 项目的试验阶段，牧场主可以得到相应的参与补偿，这些补偿包括水资源管理系统的运行成本、因丰水年水位上涨而减少奶牛养殖的风险成本、草皮产品销售量减少的成本等内容。在 FRESP 项目实施的五年间，参与补偿的金额为 93 333 美元/年，该补偿占牧民平均年收入的 5%，2008 年更是达到了总收入的 7%。如果该项目通过 NE-PES 项目的审核，牧场主还可以通过向逆向拍卖的方式，向南佛罗里达州水务管理区出售水资源储存与磷降低服务，即不同的牧场主向同一买家出价，最终选择成本效益最佳的环境服务签订为期 10 年的购买合同，也即签订合同的牧场主可在合同生效的 10 年内获得相应的生态补偿。

（2）巴克岛牧场补偿项目的制度设计

巴克岛牧场项目涉及国际合作项目 FRESP、联邦政府项目 EQIP 和佛罗里达州项目 NE-PES 三个项目，通过吸纳政府与私人资金，整合包括政府、科研机构、世界银行和牧场主在内的多方参与，实现生态环境保护与生态付费（见图 3-3）。

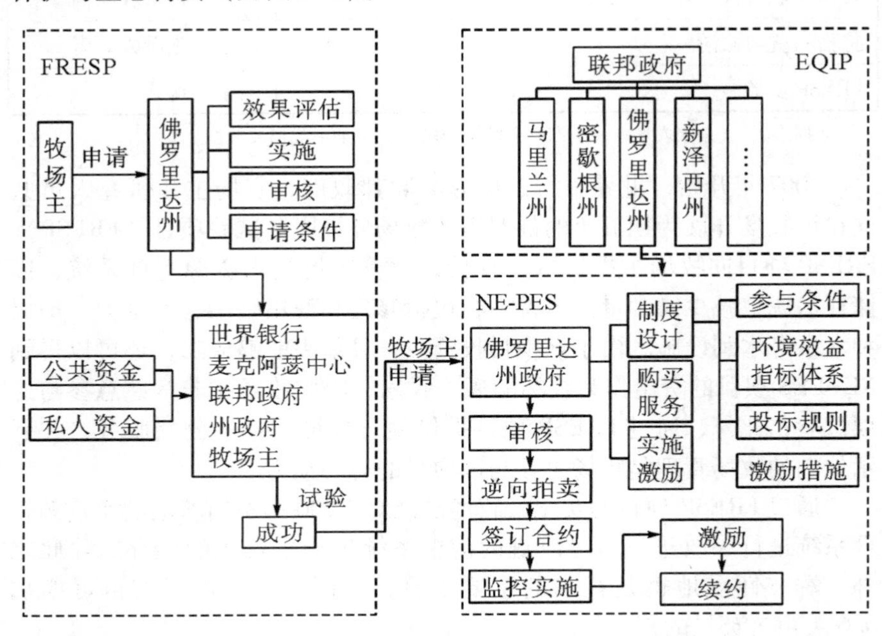

图 3-3 巴克岛牧场项目实施流程图

佛罗里达牧场环境服务试验项目（FRESP）由佛罗里达州政府与世界银行合作设立。牧场主需要向相关部门提出申请，通过审核后，由世界银行、联邦政府、州政府、麦克阿瑟农业研究中心和牧场主共同参与实施。该项目经费由联邦、州与世界银行提供的公共资金和私人自愿提供的资金构成，牧场主每年可得到相应的参与经费。试验期为五年，试验成功后，牧场主可向南佛罗里达水管区申请新北沼泽地环境付费项目（NE-PES）。

美国环境质量激励计划（EQIP）是由美国联邦政府制订，该计划将生态补偿资金分配至各州，由各州根据其自身情况进行相应的制度设计，并进行生态服务的购买（生态补偿）。

新北沼泽地环境付费项目（NE-PES）由佛罗里达州设立，该项目通过制定相应的生态服务购买标准，按照成本效益最优原则，进行生态服务的逆向拍卖，从而确定生态服务购买内容，实现生态付费与补偿，并按照环境效益指标体系对生态服务付费进行检测与激励，根据检测情况延长购买期限。

（3）巴克岛牧场补偿项目的特点

多方参与是巴克岛牧场补偿项目的重要特点。在该项目试验过程中，世界银行、联邦及州政府、麦克阿瑟农业研究中心及牧场主共同行动，利用牧场现有的水利设施进行改造，重新设计水资源管理系统以实现蓄水和减少磷含量的目标，参与各方所具有的不同的专业知识优势相互补充，使项目实施更具有可行性。多方参与还体现在资金来源方面，公共与私人捐赠资金的有机结合为项目实施提供了充足的资金保障，在这个过程中大量的公共资金起着至关重要的引领作用。

较低的建设成本、多元的收益增加了牧场主参与的积极性。该项目实施过程充分利用了牧场原有的沟渠、管道、季节性湿地等水利设施，降低了建设成本。在试验阶段，政府投资与社会投资有机结合，为牧场主增加了收入。项目建成后，牧场主既可以增加获得因环境改善导致的牧草增加带来的养殖收入，还可以得到生态服务销售带来的利润，因此其参与积极性高。

灵活的制度设计、适度的建设规模使项目实施更具吸引力。制度设计是生态补偿成功的关键，该项目的设计体现了灵活性，即在试验阶段通过多方参与、资金整合，保障了该阶段的顺利实施；在试验成功后又可以向南佛罗里达水管区出售生态服务，得到 NE-PES 项目的补偿。此外，由于大规模的建设项目存在融资困难，很难获得政府投资以外的社会资金，即在自愿补偿市场上成交难度大，而规模过小的项目又存在交易与管理成本过高等问题，经济上不具有可行性，因此确定合理的项目规模极为重要。巴克岛牧场项目年投资 9 万余美元，既可以选择政府购买市场，又可以在自愿补偿市场上得到补偿，从而增加了其可行性。

NE-PES 项目的单一买方具有垄断市场特点。尽管 NE-PES 项目为生态建设者——巴克岛牧场提供了市场，但是由于买方仅有南佛罗里达水管区一个，而供给者数量较多，因此供给曲线斜率远小于需求曲线斜率（见图 3-4），当达到均衡价格 P_1 时，供给者——巴克岛牧场无法或较少获得生产者剩余（区域 B），需求者——南佛罗里达水管区则获得了较多的消费者剩余（区域 A），从而降低了补偿力度，不利于生态服务的供给。当供给竞争激烈时，供给者——牧场主会退出市场，生态补偿机制存在失效的风险。

3.2.1.2 保护银行项目——加州湿地银行

美国是全球生态补偿市场化程度最高的国家之一，其补偿市场无论在规模还是在运作模式的成熟度方面都走在全球前列，保护银行项目是市场化生态补偿的典范。保护银行项目是美国政府实施的，责任方通过向第三方支付生态保护的设计、建设、维护费用，由第三方在异地进行

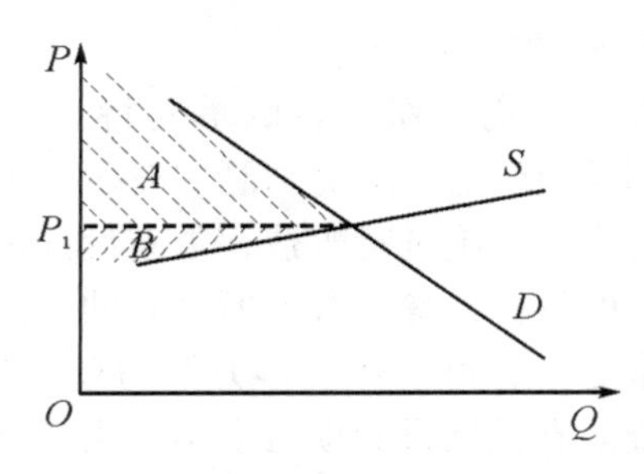

图 3-4　NE-PES 项目供给与需求曲线

生态恢复与建设，实现生态补偿的生态保护与补偿项目。其基本原则类似于我国的耕地保护原则，即保持现有耕地资源总量不变，如要占用，则需通过土地整理等项目新建耕地后，以土地流转等方式获得土地使用指标。在保护银行项目中，如果建设方需要占用生态资源，则需要向保护银行支付补偿金，由保护银行进行异地生态重建与保护。

目前，美国的保护银行项目已经具备了一套健全成熟的体系，在实施中也取得了显著成效。以湿地银行项目为例，美国自 1983 年设立了第一个湿地银行，至 2005 年湿地银行增加至 450 个，且有 46 个项目已经卖给开发商。湿地银行的设立，不仅保证了经济建设与发展的需要，还通过实地保护实现了生物多样性、水资源等生态保护。由联合国开发计划署、全球环境基金和欧盟委员会等机构 2010 年编写的全球生态市场相关报告显示，2009 年美国拥有保护银行项目 123 个，每年实现的生态补偿费用总额达到了 2 亿美元（见图 3-5、图 3-6）。

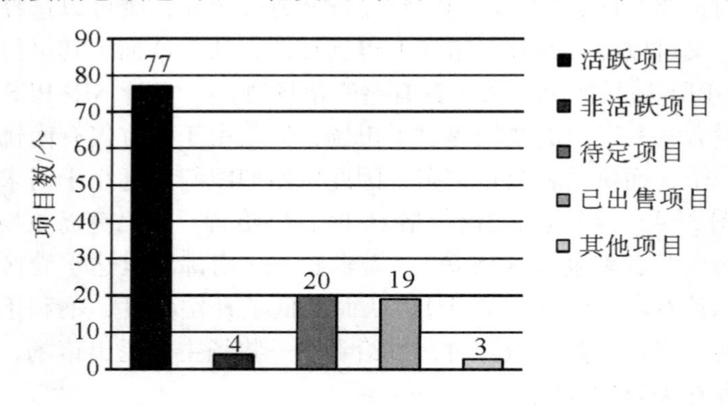

图 3-5　2009 年美国保护银行项目柱形图

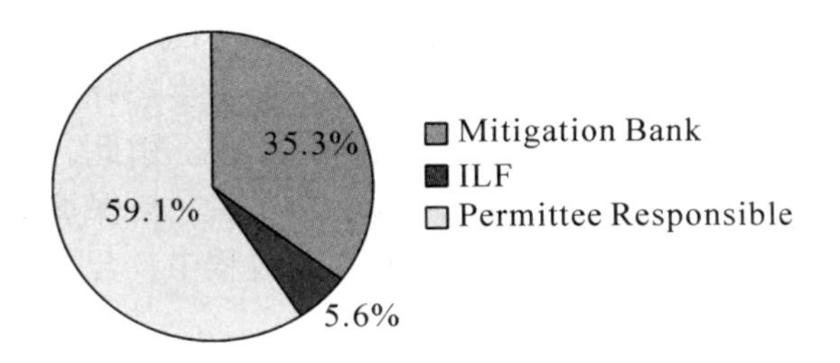

图 3-6　美国生态保护供给饼形图

（1）加州湿地银行项目概况

加州湿地银行项目由加州水禽协会发起设立，该项目以湿地保护与建设、水禽保护与研究为主要目标，通过新建湿地、合理开发利用湿地（适度狩猎）、进行科学研究、开展水禽保护教育等方式，保护湿地资源与生物多样性，项目资金除部分政府资金（安全饮水法案项目资金）外，还包括私人及企业捐赠、生态付费与保护性开发收益等。2011 年该项目共保护湿地 2.23 万英亩，新建湿地 550 英亩，保护水禽栖息地 1 100 英亩。

（2）加州湿地银行项目制度设计

加州湿地银行项目以安全饮水法案（CWA）为前提，通过 CWA 规定了开发商的生态保护义务。当建设项目需要占用生态资源时，开发商必须向环保局申请，并通过生态付费向湿地银行（加州水禽协会）购买生态服务。湿地银行通过新建湿地或对未进行保护的湿地采取保护措施，来抵消开发商对生态资源的消耗。环保局对保护行为进行核实后，批准开发商对生态资源的占用，从而实现生态补偿（见图 3-7）。

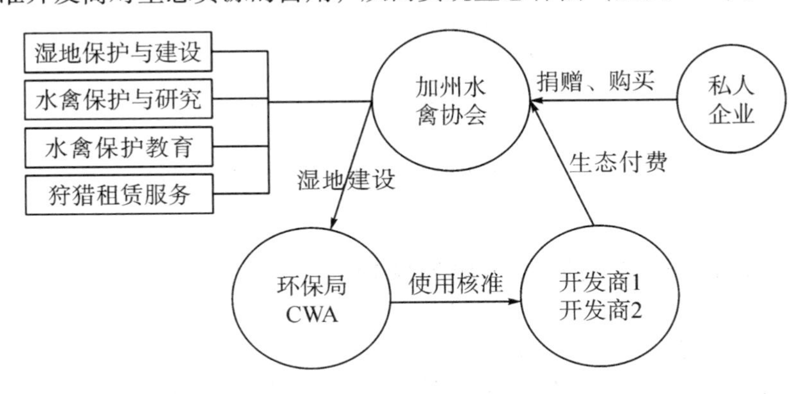

图 3-7　加州湿地银行项目示意图

（3）加州湿地银行项目的特点

以法律规范创造生态市场。该项目中，安全饮水法案是关键，该法案规定了生态资源的使用原则与保护责任，其中的404条款对生态资源的使用方式做了明确规定，即责任人必须在实现生态补偿后才能使用生态资源，生态补偿可以通过保护银行在异地实现。由此，创造了生态服务的需求者——资源占用者、生态资源的供给者——保护银行，从而实现了生态补偿与付费。可见，在该项目实施过程中，合理、可行的法律规范是前提条件。

法定市场与自愿市场相结合。所谓自愿市场生态补偿，是指企业或公民从实现社会责任出发，在生态市场上购买生态服务，实现生态补偿。与政策性补偿不同，自愿补偿项目不以政府规定的义务为依据，不需要政府投资，运作形式多样，操作较为灵活，自愿补偿以较高的生态文明发展为基础。在该项目中，私人与企业通过捐赠、购买生态服务和对基金运作的监督，实现其社会责任，同时完成生态补偿过程。

市场机制实现生态补偿。与政府定价和逆向拍卖不同，该项目补偿的金额完全由市场决定。由于存在较多数量的生态服务需求者与较多数量的保护银行，其市场为竞争性市场，价格的形成能够体现供求双方的利益。如图3-8所示，较多供给与需求者的存在使供给与需求曲线斜率相近，当供给与需求达到均衡时（P_1），消费者剩余（A）与需求者剩余（B）趋于合理，需求与供给具有可持续性，能够保障生态补偿的顺利实施。

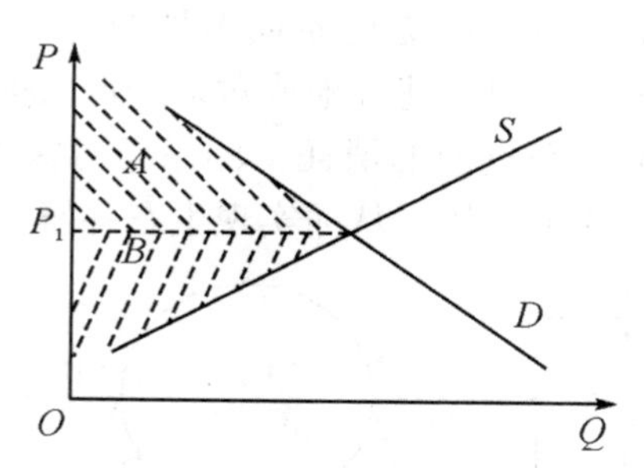

图3-8　湿地银行项目供给与需求曲线

3.2.2　德国的有机农业补偿机制

（1）有机农业的概念及生态意义

有机农业是指不采用基因技术，在生产过程中不使用或极少使用化肥、农药、生长剂、饲料添加剂等物质，遵循生态学原理和自然规律，注重生态的系统方法，协调种养殖平衡，采用一系列可持续发展的农业技术，以维持稳定的农业生产体系的一种农业生产模式。

有机农业的生态保护意义主要表现在土壤保护、水资源保护、生物多样性保护和减少温室气体排放等方面。有机农业的耕作方式促进了秸秆等物质的腐烂与还田，加之有机肥料的应用，可以有效地增加自然土壤的肥力；由于不使用化学肥料与农药，有机农业可以避免硝酸盐等化学物质渗入地下，有效保护水资源；同时，有机农业还可以避免大量的化学物质对生物物种的危害，有机农业生产区一般较传统农业产区拥有更多的生物物种；此外，由于有机农业减少了对能源及石化材料的使用，其生产过程也减少了温室气体的排放。

（2）德国有机农业发展概况

德国自 2002 年以来大力发展有机农业，于 2002 年颁布了有机农业法（OLG）、生态标签管理办法，2011 年开始实施“改善农业结构和沿海地区保护计划（GAK）”。主要措施包括通过财政补贴与有机产品推广，在作物种植方面限制化肥和农药的使用、规范种植技术与有机种子的使用、鼓励使用有机肥料，在养殖方面限制养殖密度、禁止圈养、规定使用有机饲料喂养、进行定期检验，在销售方面限制第三方进口、设立有机食品标志，在质量控制方面通过设立检查站进行检查等。2010 年德国有机农业的公共支持资金达到 145 亿欧元，其中联邦和州的支持资金比例为 60∶40，2012 年该数额进一步增加（见表 3-7）。

表 3-7　2012 年德国 GAK 项目的补贴　　单位：亿欧元

作物	有机农业引进补贴	有机农业维护补贴
耕地	21	17
草原	21	17
永久或苗圃作物	90	72

数据来源：http：//www. verbraucherministerium. de.

通过多年的发展，德国的有机农业取得了巨大成就。2010 年有机农产品在德国的销售额达到了 6. 6 亿欧元，八年间增长了一倍，注册的有机农产品标志超过了 65 000 个，2010 年有机农场的利润平均增长了 29. 9%（见表 3-8、图 3-9）。民众对有机食品的认可程度也大大提高，2012 年一月份的调查显示，超过 76%的人购买过有机产品，其中普通购买和偶尔购买的比例分别为 19%和 55%。

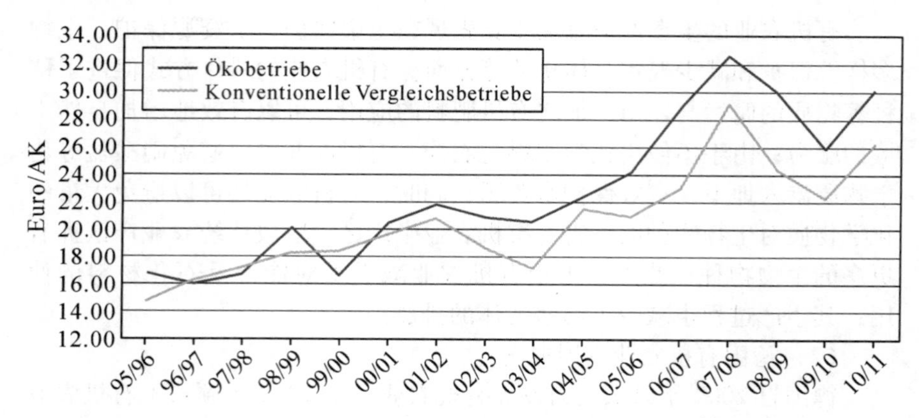

图 3-9　1995—2010 年德国有机与传统养殖利润比较图

表 3-8　1999—2011 年德国有机农业发展统计表

年份	有机农场数/个	占总数的比例/%	有机农场面积/公顷	占种面积的比例/%
1999	10 425	2.2	452 327	2.6
2000	12 740	2.8	546 023	3.2
2001	14 702	3.3	634 998	3.7
2002	15 626	3.6	696 978	4.1
2003	16 476	3.9	734 027	4.3
2004	16 603	4.1	767 891	4.5
2005	17 020	4.2	807 406	4.7
2006	17 557	4.6	825 538	4.9
2007	18 703	5.0	865 336	5.1
2008	19 813	5.3	907 786	5.4
2009	21 047	5.7	947 115	5.6
2010	21 942	7.3	990 702	5.9
2011	22 506	7.5	1 015 626	6.1

数据来源：http://www.verbraucherministerium.de.

（3）德国有机农业的制度设计

德国对有机农业生态效益的付费，主要通过监督体系、生产体系和市场体系三个体系，利用政府财政资金的引导作用，带动社会资金参与来实现。政府资金主要是 GAK 框架下的有机农业补贴，社会资金是指通过有机认证而高于普通农产品的超额利润（见图 3-10）。

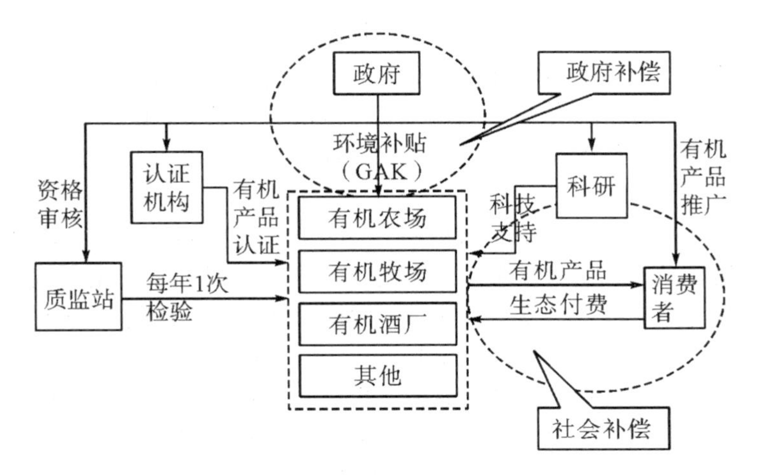

图 3-10 德国有机农农业补偿框架图

（4）德国有机农业项目的特点

政府资金的带动作用。在该补偿框架下，政府资金主要从引导和监督两个方面推动有机农业的发展。首先，通过对有机农业企业（有机农场、有机牧场、葡萄酒厂）的补贴，引导企业走有机化生产的道路，扩大有机产品供给；其次，用于有机农产品推广的资金提高了国民对有机产品的认知，促进了有机产品消费；最后，科研经费的投入为有机农业的产业发展与补偿提供了支撑。

市场作为补偿的主体。通过政府奖励等鼓励措施，购买有机农产品的国民数量迅速增加，2010 年德国的有机农产品销售额达到了 6.6 亿美元，巨大的市场与销售额、有机农产品与传统农产品生产的利润差距，形成了德国有机农业生态补偿的主要部分。如图 3-11 所示，随着国民对有机农产品认知的提高，需求曲线 S 向右移动至 S_1，均衡价格由 P_0 增加至 P_1，由此增加的生产者剩余（区域 A）即为生态补偿。

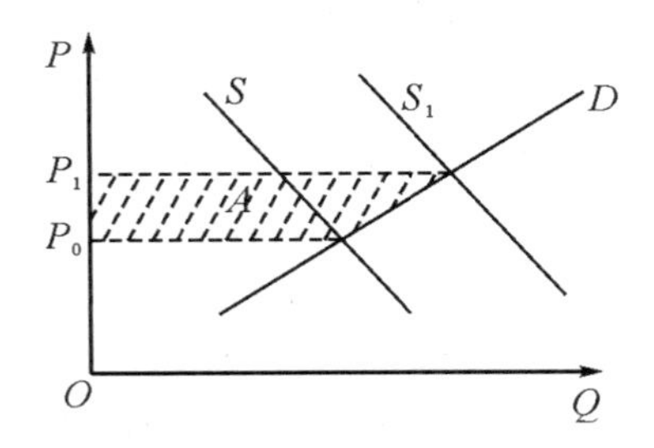

图 3-11 德国有机农业市场补偿图

严格的审核与监督体系。德国有机农业补偿的监督体系由有机农产品认证体系、质量监督站和社会监督三部分构成。政府对第三方监督机构（有机农产品标识认证单位、质量监督站）进行审核与监督，第三方监督机构对有机农业企业进行监督，社会公众对第三方监督机构和农业企业进行监督。

较强的社会环保意识。如前所述，2010 年德国超过 76%的国民购买过有机食品，即绝大多数国民参与了有机农业项目的生态补偿过程，该项目具有广泛的社会支持。该项目之所以获得了广泛的社会认可与支持，其国民较强的社会环保意识起了决定性作用。在较强的社会环保意识背后，既有国民素质提高的原因，也与德国政府不遗余力的推广与宣传密不可分。自 2002 年以来，德国共支持了超过 750 个研究项目，设计和实施了 40 余项推广措施，召开了 400 余个贸易展览会，开展了 87 项信息和推广项目，超过 300 家公司获得了农业资助。

3.3 发展中国家市场化生态补偿机制

3.3.1 墨西哥“春天的森林”补偿机制

（1）“春天的森林”项目概述

墨西哥“林业可持续发展”（LGDFS）第 117 条规定，森林土地用途的变更必须满足长期内不影响生物多样性，不会造成水土流失；第 118 条规定，当土地用途的变更会造成生态失衡时，必须进行生态修复，修复的内容包括控制水土流失、固碳、逐步恢复生物多样性、制氧等。

根据上述规定，2012 年 5 月，哈里斯克州颁布了“春天的森林”项目。该项目旨在恢复退化的森林生态系统，以补偿受损的植被和环境，或用于受污染的土壤恢复，重新造林和其他必要的活动。通过该项目，土地退化和荒漠化林业的生态失衡得到了恢复，促进了生态演替的持久性和进化。

该项目除对水土保持、生物多样性、水资源保护等具体保护工作进行补偿外，还对培训和咨询等技术支持项目进行补贴（见表 3-9）。项目以投标方式，通过考核生态恢复项目的覆盖面积、每公顷建设成本和生物物种保护数量等内容，确定补偿对象与额度，并通过财政资金及生态银行资金进行支付。

表 3-9　“春天的森林”项目补偿方式表

项目类型	支付方式	考核内容	考核对象
土壤恢复与水资源保护	签约：70%，结项：30%，项目期 1 年	可行性分析，最终考核	个人、实体或第三方；技术状态管理
新建工厂	签约：70%，完工：20%，交付：10%	建设合同、目标及过程	生产厂房、补偿内容；检查：状态管理
工厂改造与升级	签约：70%，生产：20%，特性确定：10%	签订合同、生产验证、产品验证	生产厂房；检查：状态管理
购买工厂	签约：100%	工厂的质量，状态管理	生产的树木，补偿和技术负责人；检查：状态管理
再造林	确定基线：70%；完成造林：30%	开工及完工验收	个人及实体，技术和管理负责人
维护活动	开工：70%，完工：30%	完成的维护工作和意见	个人及实体，技术和管理负责人
流域保护	开工：70%，验收：30%	过程管理	个人及实体；检查：技术和管理负责人的状态
技术咨询	前两年年初：40%，项目完成 20%	项目报告	个人及实体，技术负责人；检查：技术和管理负责人的状态

数据来源：http://www.conafor.gob.mx.

（2）“春天的森林”补偿机制的特点

财政资金与社会资金相结合是“春天的森林”项目的首要特点。该项目补偿资金除财政资金外，社会资金占很大比重，这些资金主要来源于土地用途改变造成生态失衡的补偿金。对生态失衡征收的补偿金用于生态建设，体现了破坏者付费、建设者受益的原则。

社区参与是该项目的亮点。墨西哥生态补偿的主体中明确规定了接受补偿的对象，即个人、实体或第三方。在实际操作过程中，墨西哥的社区成为生态建设与接受补偿的主体，通过社区参与不仅有效保障了项目的实施，也保障了居民权益，增强了社区民众的环保意识。

成本效益标准与公平竞争准则是“春天的森林”项目的基本准则。该项目同样采取“申请—投标”方式确定补偿对象，其评分依据以项目覆盖面、生物物种保护量等生态指标和单位面积投资为主要依据，即以成本效益为准则。

3.3.2 哥斯达黎加“Pago de Servicios Ambientales”计划

世界上最成熟的 PES 计划之一是哥斯达黎加的“Pago de Servicios Ambientales（PSA）”计划，该计划补偿私人土地所有者在其林地上提供的四项服务：减少温室气体、保护水文资源、保护生物多样性和保持风景优美（Pagiola，2008）。哥斯达黎加位于中美洲，国土面积只有 5.11 万平方公里，但生物物资却极其丰富，生物物种种类占全世界生物物种种类的 6%，其独特的生态环境使其承担着生物多样性保护的重要任务。

哥斯达黎加生态补偿围绕的核心是《森林法》，该法从 1969 年开始制定，经过多次修改后于 1996 年正式批复，《森林法》明确定义了森林提供的四种环境服务、参与的主体等。其中，森林提供的服务包括水源涵养、碳汇、生物多样性保护和休闲游憩，参与的主体则包括森林生态服务提供方、生态服务支付方和国家森林基金（FONAFIFO）。该法为政府购买土地所有者提供的环境服务提供了法律基础。政府的生态补偿资金（PSA）主要通过国家森林基金（FONAFIFO）支付。基金来源主要为国家财政、私有企业、世界银行等组织的捐赠。私有林地的所有者可向国家森林基金申请将自家林地纳入生态补偿制度中，一旦符合要求，双方将签订生态补偿合同。PSA 项目向土地林地等所有者提供了不同类型的合同，包括：森林保护、再造林、森林管理、自筹资金植树等（丁敏，2007；裴秀丽，2010）。国家森林基金在合同约定的支付期限内，按照约定的金额支付环境服务费用，而林地的所有者则应当按照约定，在其所有的土地上履行造林、森林保护、森林管理等义务。其支付的金额略高于保护土地的机会成本（如：牧场），例如项目支付给土地所有者每年 40 美元/公顷用于森林保护和 538 美元/公顷用于五年内的再造林。

3.3.3 中国浙江嘉兴市的排污权交易机制

排污权交易（pollution rights trading）指在一定区域内，为保证污染物排放总量不超一定额度，内部各污染源之间通过市场交易的方式相互调剂排污量，从而实现减少排污量、保护环境的目标。它以划定排污权并通过排污许可证的形式确认为前提，以形成完善的交易市场——排污权交易市场及规则为基础，2004 年南通市实施的“泰尔特—亚点”化学需氧量（COD）交易项目，开创了我国排污权交易的先河。

（1）排污权交易概述

2007 年 11 月，浙江省嘉兴市排污权储备交易中心正式挂牌成立，成为我国首家排污权交易中心。该中心主要职能包括嘉兴市主要污染物排放权证发放、进行排污权证交易、与银行合作推出环境金融服务产品等。2008 年 10 月 19 日，该中心首次组织了排污权公开拍卖活动，公开拍卖化学需氧量（COD）和二氧化硫（SO_2）两项排污权，拍卖数量分别为 6.5 吨和 1.8 吨。共 10 家企业参加了竞标，COD 排放权以 8 万元每吨起拍，以 10.35 万元每吨成交；二氧化硫（SO_2）以 1.2 万元每吨起拍，以 2.16 万元每吨成交。至 2009 年 6 月，嘉兴市共有 229 个项目通过排污权交易方式获得了主要污染物排放指标，共 440 多家企业实现了初始排污权的有偿分配，总交易额超过 1.33 亿元，另有两家企业取得了排污权抵押贷款，贷款总金额达到了 720 万元。

2009 年 4 月浙江省经财政部和环保部批准，开始在太湖流域、钱塘江流域和杭嘉湖地区进行化学需氧量排污权的有偿使用和交易试点，同时启动了全省的排污权交易试点，成为我国继江苏、天津之后，第三个排污权交易试点省份。浙江省排污权交易试点的确立，极大地推动了嘉兴市排污权交易的发展进程。

2010 年，浙江省嘉兴市先后出台了《嘉兴市主要污染物初始排污权有偿使用实施细则（试行）》《嘉兴市主要污染物初始排污权有偿使用办法（试行）》和《嘉兴市排污权交易专项资金管理办法》等文件，对 COD 及 SO_2 排放量超过 1 万吨的 2 600 家企业的初始排污权进行核定和公告，对排污权有偿使用的资金用途进行了规定。同时，嘉兴市启动了畜禽养殖的排污权试点工作。至 2010 年 10 月，排污权交易和有偿使用资金累计达 3.01 亿元，项目共 1 365 个。其中，新、改、扩建设项目 854 个，交易金额 2.01 亿元；初始排污权 511 个，有偿使用金额 9 968 万元。

2011 年 11 月，嘉兴市南湖区首个企业通过排污权交易实现了排污权的回购。排污权回购项目的实现，表明排污权有偿使用及交易制度取得了显著的减排效果，同时也说明嘉兴市排污权交易市场已经基本成熟。

2012 年，嘉兴市在全国率先推出了排污权网络电子拍卖机制，至 2012 年 9 月已成功拍卖 COD6.907 吨，成交金额达 107.6 万元。至此该区进行的排污权交易已达 960 余次，交易金额达到 1.057 亿元。

（2）嘉兴市排污权交易的制度设计

嘉兴市排污权交易以排污权有偿使用为前提，通过《嘉兴市主要污染物初始排污权有偿使用办法（试行）》《浙江省排污权有偿使用和交易试点工作暂行办法》《浙江省主要污染物初始排污权核定和分配技术规范（试行）》等一系列制度安排，对企业排污权的有偿使用与交易做了明确规定；并利用排污权证开发金融衍生产品，运用金融杠杆与排污权交易等多重机制，督促企业进行技术改进等措施，减少污染排放量。

嘉兴市排污权交易的模式如图3-12所示，市政府将排污总量指标分解到区，并由区政府以有偿形式分配到企业；企业在生产过程中可以通过技术改进、采用清洁生产技术、加强管理等方式减少污染排放量，并将节约的排污量在排污权交易与储备中心出售；当企业排污量超过初始排污权数量时，也可以到交易与储备中心购买所需的指标。在此过程中，排污权证可以作为有效资产，进行抵押贷款等经营活动。当全社会的实际污染排放量低于初始计划的排放总量时，超出的排污权可由排污权储备与交易中心以协定价格进行回购，这个回购的数额即为嘉兴市实现的减排量。

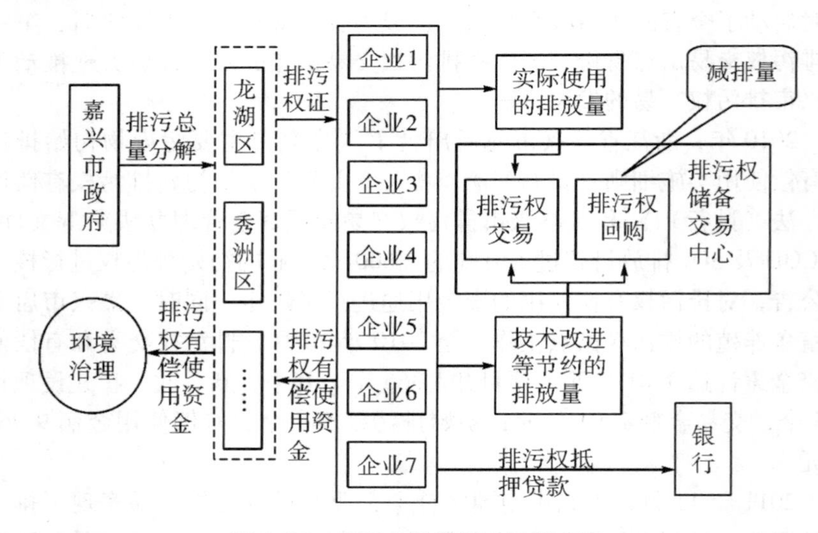

图3-12　嘉兴市排污权交易模式图

（3）排污权交易机制的特点

实现了通过市场配置生态环境资源。在该项目中，政府通过排污权证明确了生态资源的产权，并通过排污权交易中心建设为排污权交易提供了平台，通过排污权网络电子拍卖机制建设降低了交易成本。企业在产权明确和交易成本极低的前提下，通过产权交易——排污权证交易，实现了生态资源配置的市场化。

体现了污染者付费的生态补偿原则。在该项目中，企业通过有偿模式向政府购买排污权，并在企业排放指标超过初始排污权时，在排污权交易市场上以市场价购买污染排放权，体现了污染者付费的生态补偿原则。

未能解决生态提供者获得补偿问题。尽管嘉兴市政府一系列政策对排污权交易费用的使用进行了安排，要求各级政府将该费用用于生态恢复与治理，但其中未能体现对造林农户、污水处理厂等生态治理与保护者的补偿。

未能体现社会参与，减排量有限。由于该项目仅在部分企业中实施，即仅仅在部分生产部门实施，没有涵盖所有生产部门，更没有涉及生活部门，没有体现社会的广泛参与，因此项目所能实现的减排量十分有限。

3.4 市场化生态补偿机制的特点

从国内外市场化生态补偿机制的分析可以看出，成功有效的市场化生态补偿机制应该具备主体明确、制度健全等特点。

3.4.1 健全的制度体系是市场化生态补偿的前提

根据科斯理论，只有在产权明确、交易成本极低的情况下，才能避免市场失灵，实现生态资源的市场化配置。从上述生态补偿机制的分析也可以看出，只有通过制度安排，明确产权与各相关方的责任与义务，才能打造生态产品与服务的市场，实现生态补偿的市场化。如，碳汇补偿中的《京都议定书》、美国湿地银行补偿中的《安全饮用水法》、德国有机农业补偿中的《有机农业法》、中国浙江嘉兴排污权交易中的《嘉兴市主要污染物初始排污权有偿使用办法（试行）》等法案，都对生态产品或服务的产权和各方权责进行了明确的界定，从而使生态资源的交易成为可能，最终实现了生态补偿的市场化。

3.4.2 明确的补偿内容和补偿主体是市场化生态补偿的基础

确定生态补偿的主体和补偿内容是生态补偿的基础，同样也是市场化生态补偿的基础，市场化生态补偿机制必须具备合理的补偿内容与明确的补偿主体。合理的补偿内容应该具备紧迫性、现实性的特点，通过对补偿主体进行补偿，可以实现保护生态环境的目标。如，在碳汇补偿机制中，温室气体排放问题已经成为威胁人类生存的重大问题，针对碳排放的补偿成为必然；美国的环境质量激励计划中，针对土地资源的退化，为维护粮食安全，就必须对耕地保护进行补偿；中国浙江嘉兴的排污权交易则是针对嘉兴市环境承载力不足，以减少污染排放作为补偿内容。明确的补偿主体是指补偿主体具有区分性，只有明确了补偿的主体，生态补偿才能够进行。如碳汇补偿中，碳汇的提供者与温室气体的排放者；德国有机农业补偿中，有机食品的消费者与有机食品的生产者，都可以进行清晰的区别，从而确定补偿者与被补偿者。

3.4.3 灵活的交易模式是市场化生态补偿成功的关键

灵活与现实的交易模式，可以让更多的相关者参与到生态补偿过程中，从而提高生态补偿的效力，是市场化生态补偿取得成功的关键。仍以德国有机农业补偿为例，由于有机食品的消费者可以在市场上方便地购买带有有机认证的有机食品，从而使有机食品生产企业可以直接以超额利润的形式获得补偿。

3.4.4 多方参与和市场定价是市场化生态补偿的优势

在市场化生态补偿机制中，多个生态产品与服务的购买者与出售者构成了生态市场，通过生态产品的交易实现了生态补偿。通过市场交易，可以实现多方参与，从而扩大了生态补偿的范围，增加了生态补偿资金的来源，从而使市场化生态补偿机制与其他补偿机制相比具有更大的效率优势。

在生态市场中，买方与卖方通过竞价实现市场均衡，从而确定补偿额度。这种市场定价机制，反映了资源稀缺程度与市场供求关系，较其他定价方式更具有合理性。此外，由于市场价格有时会严重偏离商品价值，因此在市场化生态补偿过程中仍然需要政府的引导与干预。例如，近年的碳汇价格已经严重偏离了碳汇的实际价值，如果不采取相应的措施，碳汇补偿机制只能趋向崩溃。

3.4.5 较强的生态意识是市场化生态补偿有效性的保障

生态补偿机制是建设生态文明的重要工具，通过生态补偿机制的实施，可以有效促进生态资源的节约与有效利用，推进生态文明建设。同样，生态补偿机制的实施，尤其是市场化生态补偿机制的有效实施，也需要相应的生态意识做保障。只有增强了全民环保意识、节约意识、生态意识，形成了合理消费的理念与爱护生态环境的风气，才能让更多的人参与到生态补偿过程中，促进市场化生态补偿目标的实现。德国的有机农业补偿就是通过政府的大力宣传与推广，增强全民的生态意识，从而在有机农产品销售量不断增加的同时，增加生态补偿的额度。

3.5 本章小结

本章对国内外成功的市场化生态补偿机制进行了分析，认为成功有效的市场化生态补偿模式应该具备以下条件：首先，应该以合理的制度安排和较强的社会环保意识为前提，通过制度安排明确生态环境资源的产权，形成具有较低交易成本、灵活交易方式的生态市场；其次，应该具备补偿资金来源的多样性与参与主体的多元性；再次，合理的补偿额度、成本效益原则和严格的审核监督是市场化生态补偿可持续的重要保障；最后，市场化生态补偿机制应该以市场补偿为主导，但同样需要政府的引导作用。

4 川滇生态屏障地区
农业生态价值及补偿现状

川滇生态屏障地区主要从事农业产业的生产与开发，因此农业是该区域生态补偿市场化建设的重要载体。鉴于川滇生态屏障地区农业生产中产生的丰富的生态价值，建立市场化生态补偿机制，对农业生产进行生态补偿，已经得到了广泛的认可。

4.1 川滇生态屏障地区农业资源的生态价值

4.1.1 农业产业发展现状

川滇生态屏障地区是我国传统的粮油、蔬菜、水果、鲜花和中药材生产基地。其中四川省 2011 年粮食作物播种面积比上年增长 0.6%，油料作物播种面积 1 232.8 千公顷，蔬菜播种面积 1 205.6 千公顷，药材播种面积 98.8 千公顷；粮食总产量 3 291.6 万吨，占全国的 6%左右，西部的 23%左右；油料产量 287.4 万吨，占全国的 8.5%；蔬菜产量 3 573.6万吨，茶叶产量 18.6 万吨，水果产量 776.6 万吨[①]。云南省 2011 年粮食总产量达 1 673.6 万吨，油料产量 60.75 万吨，蔬菜产量 1 340 万吨，园林水果产量 405.39 万吨，鲜切花产量 65.03 亿枝[②]。图 4-1为 2002—2011 年四川省的小春马铃薯播种面积柱形图，从图中可以看出，四川省小春马铃薯种植面积逐年增加。

---

① 数据来源：四川省统计局。

② 数据来源：《云南省 2011 年国民经济和社会发展统计公报》。

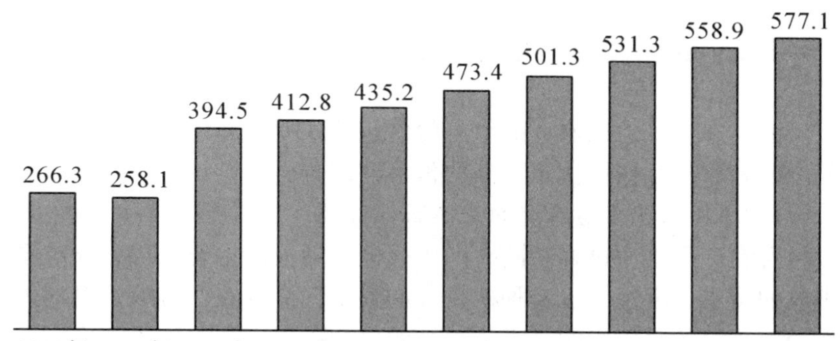

图 4-1 2002—2011 年四川省小春马铃薯播种面积图（单位：万亩）

川滇生态屏障地区还是我国传统的畜牧养殖区、畜牧产品调出区和牦牛等特殊牲畜的重要养殖区。四川省生猪出栏量、猪肉产量均列全国第 1 位，2010 年生猪出栏达到 7 220 万头，猪肉产量 520 万吨，年出栏肉猪头数占全国 10%左右。“十一五”期间，四川省肉类、禽蛋、奶类产量年均分别增长 5%以上，2010 年产量分别达到 1 500 万吨、210 万吨、100 万吨，畜牧业产值占农业总产值的比重达到 56%，预计 2020 年将提高到 60%以上。云南省 2011 年肉类总产量达 324. 36 万吨，牛奶产量 52. 39 万吨，禽蛋产量 21. 65 万吨。川滇地区还是我国牦牛的重要产地之一。以甘孜藏族自治州为例，其草场面积为 1. 42 亿亩，占全省草地总面积的 46. 5%，全州年出栏牦牛 40 万头左右。

川滇生态屏障地区的森林、湿地资源丰富，森林覆盖率居全国前列。其中四川省 2011 年完成天然林资源保护工程 7. 87 万公顷，完成退耕还林工程 2. 13 万公顷；对 1 848. 5 万公顷的森林面积实施了有效管护。2011 年年末全省共有湿地公园 16 个，其中省级湿地公园 9 个，国家级湿地公园 7 个，年末森林覆盖率达到了 35. 1%。至 2011 年年末，云南省林业用地面积更是达到了 2 473. 33 万公顷，居全国第 2 位，森林面积达 1 820 万公顷，位居全国第 3 位，森林覆盖率达 52. 93%，位居全国第 3 位。

尽管川滇地区农产品在全国各农业产区中占有重要地位，但是其生产过程仍然存在诸多问题，尤其是生态环境问题。例如，在丘陵区坡地上进行的农产品种植，造成了大量的水土流失；草场过度放牧，造成草场严重退化；生猪养殖规模小，养殖过程中产生的污染不能得到处理，严重影响了农村环境；林业生产过程中，过度砍伐和单一树种种植，造成了部分地区森林生态环境严重恶化等。因此，需要建立生态补偿机制，调整产业结构，进行技术升级，促进农业产业与生态环境共同发展。

4.1.2 农业资源的生态价值

川滇生态屏障地区农业的生态价值包括农业生态系统所提供的生态服务价值和农产品作为生态产品的价值两部分。

4.1.2.1 农业生态系统的生态服务价值

尽管农产品生产过程中同时产生积极与消极的生态效应，如牲畜养殖排放的废水、废气，水稻种植排放的温室气体等农业排放，会对外部环境产生一定的负面影响，森林植被的增加可以扩大生物生产空间，从而实现生物多样性保护，对外部环境产生正面的生态效应；但是农业生态系统作为人工生态系统，其综合生态价值的正向性仍然得到了普遍的认可。农业系统的生态服务价值主要包括：环境服务价值、旅游服务价值和文化美学价值（张家恩，2004）（见图 4-2）。

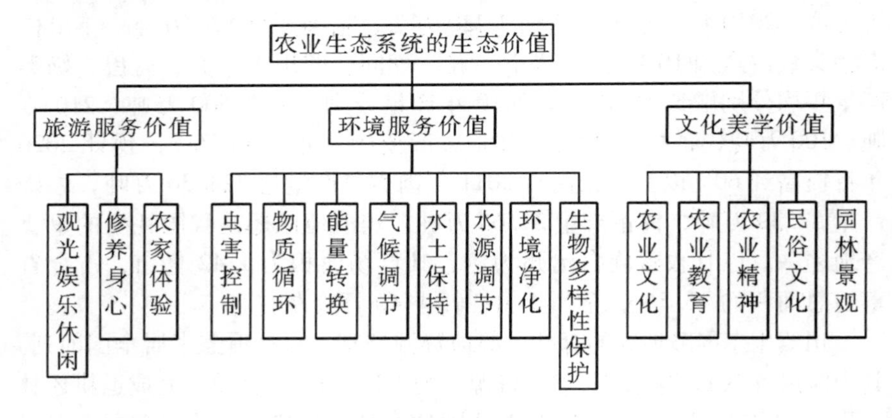

图 4-2 农业生态系统的生态价值

农业生态系统的环境服务价值包括物质循环、能量转换、气候调节、水土保持、生物多样性保护、环境净化、虫害控制、水资源调节等生态功能的价值。例如，林业产业发展过程中，植树造林所产生的水土保持效应、空气净化效应、水源涵养效应、碳汇效应等带来的价值。

农业生态系统的旅游服务价值包括旅游观光、娱乐、休闲、农家体验、修养身心功能的价值。随着人们生活水平的提高，乡村旅游、农家体验已经成为一种时尚，农业生态系统的旅游服务价值也逐渐凸显出来。以号称"中国农家乐第一村"的成都市郫都区农科村为例，自 20 世纪 80 年代开始，农科村农户利用自家川派盆景、苗圃的优势，吸引市民前来吃农家饭、观农家景、住农家屋、享农家乐、购农家物。目前，该村从事农家民俗旅游接待的农户已达 180 余户，年均接待游客 12 万人次。2012 年 9 月，农科村通过了国家旅游局4A级景点验收，成为了农业生态系统旅游的典范。

农业生态系统的文化美学价值包括农业文化、农业教育、农业精神文化、农村民俗文化等方面的价值。20世纪60年代，以自力更生、艰苦奋斗为内涵的山西昔阳县大寨精神闻名全国，并创造出了一个个奇迹，体现了农业精神文化的价值。今天生态文明的发展使人们更加注重农业生态系统的文化美学价值，农业文化体验园、现代农业观光基地等农业文化项目的成功，就是该类价值的具体体现。

4.1.2.2 农产品的生态价值

从目前掌握的文献看，尽管国内外对农产品的生态价值研究较多，但多数研究都集中在农产品本身的生态价值上，对农产品生产过程中通过技术改进等方式产生的生态价值进行研究的较少。本书通过对农业生产过程的分析认为，农产品的生态价值应该从静态价值与动态价值两个角度进行考察（见图4-3）。

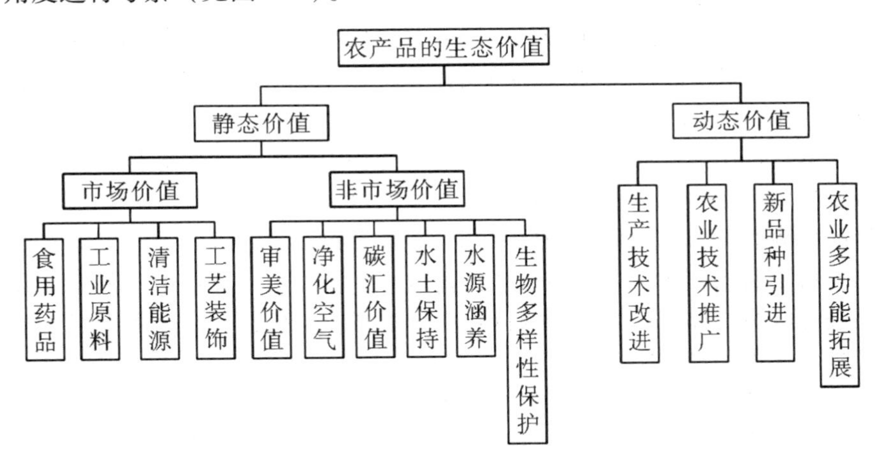

图4-3 农产品的生态价值

（1）静态视角的农产品生态价值

农产品的静态生态价值主要指农产品本身的生态价值。本书从市场交易的角度，将农产品的静态生态价值划分为市场价值和非市场价值。

农产品的市场价值是指在市场交易过程中体现的价值，即不包含外部性的价值，该部分价值主要是农产品的使用价值。如粮食、蔬菜、水果、畜产品的食用价值；木材在建筑、加工领域作为工业原材料的使用价值等。这些农产品作为生态产品参与了人工生态环境的物质循环，为人工生态环境提供了正向的生态价值，其使用价值属于农产品的生态价值之一。该类价值是农产品价值中，可以通过市场交易得到体现的部分，因此属于市场价值。

农产品的非市场价值是指在市场交易过程中未能充分体现的价值，即外部性价值，该部分价值包括审美价值、净化空气的价值、碳汇价值、水土保持价值、生物多样性保护价值等。由于该类价值在不存在市场干预的情况下，不能够通过交易得到体现，因此属于非市场价值。

农产品的审美价值包括城市景观花卉产品的审美价值和粮食、蔬菜等产品的美学价值等。一方面，随着我国经济水平的提高，人们在满足了物质需求后，越来越注重精神生活，以花卉苗木为主的园林景观越来越受到大家的青睐，景观花卉产品的审美价值也得到了进一步体现。另一方面，城市的扩大、城镇化的发展，也使得远离农村的城镇居民更加崇尚粮食、蔬菜等农产品的质朴美，以玉米、花生等农产品作为基本元素的装饰题材屡见不鲜，进一步突出了农产品的美学价值。

农产品在净化空气中的价值主要表现在其对有害气体的吸收与氧气的排放方面。我国田园城市、森林城市、生态城市建设的快速发展正是对农产品净化空气价值的应用。随着我国城市环境检测新标准，尤其是PM2.5监测的引入，以及全国部分地区大面积雾霾天气的发生，农产品在净化空气中的作用将会进一步得到应用与体现。

农产品的碳汇价值主要指农产品作为积蓄碳汇的主要载体，在减少温室气体排放、缓解全球气候变暖方面的价值。由于农产品尤其是林业产品所吸收的二氧化碳会被储存几十年甚至数百年，因此大力发展农业生产可以有效减少人类温室气体的排放。“十二五”规划中，我国已经明确将温室气体排放指标列入区域发展的考核指标，农产品的碳汇价值将进一步得到体现。

此外，农产品还在水土保持、水源涵养和生物多样性保护等方面具有重要价值。水土保持与水源涵养价值主要体现农业生产过程中对于土地与水源的改造与保护，以及农业生态系统的水土保持与水源涵养；生物多样性保护价值主要指农产品生产过程中对生物物种的选择性扩展，如水稻杂交、畜牧品种改良等。

综上所述，静态视角的农产品生态价值包括市场价值与非市场价值两部分，若以 W_j 表示总价值，P 为价格，Q 为农产品数量，X 为农产品在审美、净化空气、碳汇、水土保持等方面的价值，则静态视角的农产品生态价值可表示为

$$W_j = PQ + \sum X_i$$

（2）动态视角的农产品生态价值

动态的农产品生态价值是指农产品随着农业技术的改进而产生的生态价值，如有机蔬菜种植过程中，生物防控技术的使用显著减少了化学

药品对生物物种的危害，从而实现的生物多样性保护价值与环境保护价值；种植过程中，土地整理、微（滴）灌工程建设带来的水源节约效应、水土保持效应所产生的价值；养殖过程中，沼气建设、循环农业建设减少的养殖污染排放；快速育肥、减畜等措施，实现的草场与湿地保护价值等，都属于农业生态系统的生态价值。

该部分价值包括技术改进减少的污染，现代农业技术应用增加的生态效益，也即与原有农产品生产过程比较，或与社会平均农产品生产水平比较而表现出的生态价值。我国的农产品生产条件与农业生产技术相对落后，因而减少了农产品的生态价值，而相应的技术改进需要增加农民的生产成本。因此，应该从动态角度考察农产品的生态价值，进而对农户的技术投入进行补偿，从而保障国家的粮食安全与生态产品的供给数量。若以 W 表示动态视角的农产品生态价值，W_j 表示农产品的静态生态价值；C 为进行技术改进后，生产该产品消耗资源的生态价值；$\hat{C}$ 为社会平均资源消耗的生态价值；S 为技术改进后该产品增加的生态价值；则动态的农产品生态价值可表示为

$$W = W_j + S + (\hat{C} - C)$$

4.1.3 川滇生态屏障地区农业生态价值的特殊性

川滇生态屏障地区农业的生态价值除了具备农业生态价值的一般特点外，还具有价值量大、生态地位高等特点。

4.1.3.1 生态资源密集，农业生产条件差

川滇生态屏障地区是我国生态资源的富集地区，森林草场资源、水资源、动植物物种资源等各类生态资源的数量都居全国前列。这些生态资源不仅是国家生态安全的保障，也是该区域进行农业生产、提高农民收入与福利的重要依托。与富集的生态资源相对应的是该区域落后的农业生产条件，以四川省耕地为例，统计数据显示，四川省耕地总面积仅为58.83万公顷（见表4-1），人均耕地面积不足1.05亩，低于全国人均耕地面积的26.2%，其中灌溉水田仅占33.63%，望天地的比例则高达14.63%（高雪松，2007）。落后的农业生产条件严重影响了农民收入，农民为增加收入不得不以牺牲生态资源为代价，通过开荒种地、增加畜牧养殖量来发展农业生产，从而在创造生态产品的同时牺牲了生态资源。

表 4-1　2007 年四川省耕地资源统计表

类型	灌溉水田	望天地	水浇地	旱地	菜地	总计
面积/万公顷	19.78	8.61	0.34	29.92	0.18	58.83
所占比例/%	33.63	14.63	0.57	50.85	0.32	100

4.1.3.2　生态价值量大

生态价值量大是该区域农业生态资源的另一个特点。据测算，2007 年四川省的生态价值总量高达 1 200.93 亿元，单位面积的生态价值为 1.5~2元/平米；云南省的生态资源总量为 506.76 亿元，单位面积的生态价值为 2.5~3 元/平米（金艳，2009）。2007 年以来，随着我国退耕还林、母亲河工程等大型生态项目的实施，川滇生态屏障地区的森林覆盖率等生态指标有了大幅度提高，该区域的农业生态价值总量也相应有了快速增长。此外，上述评估中，未包含生物多样性保护等生态价值，若全面考虑该区域的农业生态资源，则其生态价值总量应该远高于上述数值。

4.1.3.3　生态战略地位高

川滇生态屏障地区不仅是我国传统的农产品生产基地、生态资源的富集区，其特殊的地理位置，还决定了该区域在全国生态战略中极高的地位。首先，川滇地区位于我国的西南部，是长江、黄河等众多大江大河的源头，区位条件决定了其在全国生态格局的重要地位。其次，作为农产品的传统基地，该区域的粮食生产、畜牧生产对我国的粮食安全影响巨大。最后，独特、丰富的生物物种基因是该区域农产品的重要生产资源，同样也是我国未来发展的重要依托，对这些生物物种资源的保护，是生态文明的基本要求，也体现了代际公平的可持续发展原则。可见，作为我国主体功能区规划的生态安全屏障，该区域农产品的生态价值无论在区域位置、生态资源量，还是在可持续发展方面都有其独特和极高的战略地位。

4.1.3.4　文化价值突出

川滇生态屏障地区作为少数民族聚居区，其农产品的生态价值中，民族文化价值非常突出。这些民族文化价值包括民族特色农耕文化、游牧文化、饮食文化等。如彝族地区粗放的农业生产方式，不仅为我们展现了人与生态共生的途径，还保留了红花米、藏香猪、峨边花牛、南江黄羊等生物物种；藏族丰富的文化内涵、对动物保护的理念，同样丰富了中华民族的精神文化，也为生物多样性保护做出了巨大的贡献；白族的特色美食、傣族的医药都包含了大量的民族文化价值。

4.2 川滇生态屏障地区农业生态补偿现状

4.2.1 川滇生态屏障地区概述

（1）区域概况

2010 年 12 月，国务院印发了《全国主体功能区规划》，该规划对我国国土空间的开发提出了战略性布局，是我国制定其他发展战略的基础与约束。规划指出国土空间是我们的宝贵资源，是我们赖以生存和发展的家园，必须形成主体功能区，对我们的家园进行科学开发。同时，该规划还提出了以“两横三纵”为主体的城市化战略格局、以“七区二十三带”为主体的农业战略格局和以“两屏三带”为主体生态安全战略格局，黄土高原—川滇生态屏障地区被列入我国生态保护的两大重要屏障之一。

川滇生态屏障地区涉及四川、云南等省的部分地区，是我国重要的水源涵养地、生物物种基因库，该区域的保护与开发关系到国家的生态安全与未来的发展。国家、省、市、县各级政府已经在该区域设置多个自然保护区，其中所涉及的 3 个国家重点生态功能区涵盖国土面积达 36.5 万平方公里，人口 674.9 万人（见表 4-2）；此外该区域还包括四川省、云南省、湖北省、青海省和重庆市的部分自然保护区、风景名胜区、森林公园、地质公园等区域。

表 4-2　川滇生态屏障地区国家重点生态功能区名录

区域	范围	面积/平方公里	人口/万人
若尔盖草原湿地生态功能区	四川省：阿坝县、若尔盖县、红原县	28 514	18.2
甘南黄河重要水源补给生态功能区	甘肃省：合作市、卓尼县、临潭县、康乐县、玛曲县、碌曲县、临夏县、夏河县、和政县、积石山保安族东乡族撒拉族自治县	33 827	155.5

表4-2(续)

区域	范围	面积/平方公里	人口/万人
川滇森林及生物多样性生态功能区	四川省：天全县、小金县、宝兴县、康定县、泸定县、雅江县、丹巴县、道孚县、稻城县、得荣县、木里藏族自治县、盐源县、汶川县、北川县、理县、茂县、平武县、九龙县、炉霍县、新龙县、甘孜县、德格县、白玉县、石渠县、理塘县、色达县、巴塘县、壤塘县、乡城县、马尔康县、黑水县、金川县、松潘县、九寨沟县； 云南省：香格里拉县（不包括建塘镇）、福贡县、玉龙纳西族自治县、贡山独龙族怒族自治县、维西傈僳族自治县、兰坪白族普米族自治县、勐腊县、勐海县、德钦县、泸水县（不包括六库镇）、剑川县、屏边苗族自治县、金平苗族瑶族傣族自治县	302 633	501.2
合计		364 974	674.9

资料来源：《全国主体功能区规划》。

作为生态资源富集区，川滇生态屏障地区的经济发展严重滞后。以川滇森林及生物多样性生态功能区为例，该功能区涉及四川省的34个县和云南省的13个县，多为贫困地区。其中四川省的34个县2009年人均地区生产总值为11 345元，仅为同期全国人均地区生产总值25 575元的44.4%，同期四川省人均地区生产总值15 495元的73.2%；人均规模以上工业总产值仅为6 124.14元，不足全国同期平均水平的15%，仅为四川省同期的27.5%（见表4-3）。2008年，四川省社科院城市竞争力研究中心对全国31个省（区、市）综合竞争力进行的研究表明，四川省在31个省（区、市）中排名第17位，而贵州、甘肃、云南三省则仅次于西藏，处于倒数第二、第三和第四位；对四川省181个区县的竞争力评价中，川滇森林及生物多样性生态功能区所涉及的34个县仅有7个进入前120名。

表4-3 川滇森林及生物多样性生态功能区部分经济社会发展统计表

序号	区域	人均地区生产总值/元	人均农村用电/千瓦时	人均规模以上工业产值/元	医院卫生院床位/张·万人$^{-1}$	医护人员/人·万人$^{-1}$	福利院床位/张·万人$^{-1}$
1	全国	25 575	457.35	41 079.99	30.66	41.50	24.46
2	四川	15 495	251.67	22 250.74	28.80	33.70	26.25

表4-3(续)

序号	区域	人均地区生产总值/元	人均农村用电/千瓦时	人均规模以上工业产值/元	医院卫生院床位/张·万人$^{-1}$	医护人员/人·万人$^{-1}$	福利院床位/张·万人$^{-1}$
3	功能区（四川）	11 345	164.29	6 124.14	27.75	27.43	18.63
4	天全县	16 979	276.73	20 608.69	55.62	26.93	18.95
5	小金县	7 151	180.00	888.77	23.95	20.25	32.10
6	宝兴县	21 239	842.88	16 705.59	28.47	27.80	19.66
7	康定县	22 905	71.77	11 069.29	58.67	71.59	20.35
8	泸定县	9 321	280.00	3 568.00	40.71	37.18	17.65
9	雅江县	7 786	14.58	0.00	21.46	22.92	2.29
10	丹巴县	9 719	235.00	2 694.00	23.33	37.00	6.67
11	道孚县	6 577	88.36	1 179.27	17.27	32.18	14.55
12	稻城县	8 281	38.71	0.00	23.87	44.84	25.81
13	得荣县	9 368	16.15	0.00	41.54	36.54	0.00
14	木里县	9 204	16.24	1 760.23	22.33	18.57	10.38
15	盐源县	11 549	192.21	9 298.11	17.57	12.48	12.48
16	汶川县	21 888	294.66	27 718.74	21.94	27.96	40.78
17	北川县	8 693	105.00	3 761.34	24.12	14.20	13.40
18	理县	15 667	161.09	9 184.35	31.96	32.17	12.17
19	茂县	11 465	193.21	7 131.19	25.87	23.67	33.94
20	平武县	9 382	186.76	3 625.84	16.89	13.53	12.18
21	九龙县	22 257	87.46	17 648.57	20.95	28.41	16.51
22	炉霍县	5 926	66.67	0.00	23.33	39.11	36.67
23	新龙县	5 926	31.74	0.00	29.13	25.65	19.57
24	甘孜县	6 370	8.06	0.00	34.68	29.52	5.81
25	德格县	4 449	28.10	0.00	27.59	29.11	0.00
26	白玉县	11 103	66.67	0.00	21.18	33.92	15.69
27	石渠县	4 991	9.29	0.00	13.57	31.43	10.71
28	理塘县	8 164	68.20	116.07	26.23	33.77	5.74
29	色达县	6 473	3.33	0.00	28.33	34.38	14.58
30	巴塘县	8 887	67.06	604.12	24.90	45.29	4.12
31	壤塘县	9 459	99.44	0.00	16.39	35.00	119.44
32	乡城县	11 965	207.59	1 500.00	44.83	64.83	0.00

表4-3(续)

序号	区域	人均地区生产总值/元	人均农村用电/千瓦时	人均规模以上工业产值/元	医院卫生院床位/张·万人$^{-1}$	医护人员/人·万人$^{-1}$	福利院床位/张·万人$^{-1}$
33	马尔康县	17 767	291.64	1 777.09	71.64	67.09	45.45
34	黑水县	12 035	389.67	5 432.67	17.83	21.83	25.00
35	金川县	6 149	99.05	336.22	22.57	26.62	29.73
36	松潘县	9 942	359.59	1 295.68	28.65	24.19	21.62
37	九寨沟县	15 256	158.18	9 665.76	43.03	40.91	36.82

数据来源：《四川省统计年鉴（2010）》《中国统计年鉴（2010）》。

除经济发展落后外，该区域社会服务设施建设严重滞后。以川滇森林及生物多样性生态功能区为例，区域内公共健身、科技文化、医疗等社会服务设施均落后于全国平均水平，其中四川省范围内的34个县每万人拥有的医疗卫生院床位、福利院床位、医护人员分别为27.75张、18.63张和27.43人，分别为全国平均水平的91%、76%和66%，四川省平均水平96%、71%和81%。

（2）川滇生态屏障地区的生态服务功能

川滇生态屏障地区的生态服务功能是指其作为生态系统，为人类社会的生存与发展提供的服务，包括向人类社会提供物质与能量，接受人类社会的废弃物，以及提供清洁水源、清新的空气等服务的功能。川滇地区作为我国国土空间主体功能区规划的生态屏障，在水源涵养、洪水调蓄、生物多样性保护、水土保持和气候调节等方面具有不可替代的地位。

水源涵养与洪水调蓄功能是该区域提供的首要的生态服务功能。该区域是我国长江、黄河、澜沧江等众多大江大河的发源地或水源补给地。四川省是我国的水资源第一大省，多年年平均降水量约4 889.75亿立方米，大小河流近1 400条，水资源总量达3 489.7亿立方米；地下水资源量546.9亿立方米；此外，四川还有湖泊1 000多个、冰川200余条和一定面积的沼泽，蓄水量约35亿立方米①（见表4-4）。云南省境内河流众多，长江、珠江、澜沧江、红河、怒江和独龙江均流经云南，其水资源位列在四川、西藏之后，位居我国第三位。云南2011年降水量为3 775亿立方米，水资源总量1 780亿立方米，其中入境水

① 数据来源：http://www.sc.gov.cn.

流量 1 149 亿立方米，地下水储量 548 亿立方米①。丰富的水资源为我国国民经济与社会的发展提供了重要保障。

表 4-4 2011 年全国及四川、云南水资源分布及使用统计表

单位：亿立方米

行政区	供水量				用水量				
	地表水	地下水	其他	总供水	生活	工业	农业	生态环境	总用水
全国	4 953.3	1 109.1	44.8	6 107.2	789.9	1 461.8	3 743.6	111.9	6 107.2
四川	212.1	18.1	3.2	233.4	38.3	64.6	128.4	2.2	233.5
云南	141.1	4.8	0.9	146.8	24.4	25.2	96.1	1.0	146.7

数据来源：《中国水资源公报》。

生物多样性保护是该区域提供的另一个重要服务功能。云南素有“动物王国”“植物王国”与“药材之乡”的美誉。境内涵盖热带、亚热带、温带、寒温带多类物种，全国已发现的 3 万余种植物物种中云南省拥有 1.8 万种，占全国总数的一半以上；此外，云南省还拥有野生脊椎动物 1 671 种，居全国之首，其中国家级保护动物种类占全国保护动物的 41.6%；滇金丝猴、绿孔雀、小熊猫、望天树、跳舞草、丽江云杉等动植物物种均属于其特色物种。四川省特殊的地形与自然条件同样孕育和保存了丰富的生物物种，据统计全省有植物物种 1 万余种，其中乔木 1 476 种，占全国的一半；动物物种中仅脊椎动物就有 1 247 种，占全国的 40%，其中大熊猫等珍稀动物闻名于世②。

该区域的水土保持功能是我国中东部地区经济与社会发展的重要保障。该区域拥有众多的水系，是我国水土保持的重点区域。其中长江上游流经四川省内地表径流量占其总径流量的 1/3，四川省地表径流的 96.6%属于长江水系，减少该区域的水土流失对长江中下游地区的生态安全及经济社会发展具有至关重要的作用。

遍布的森林与大面积的湿地使该区域成为储蓄温室气体、调节气候的重要生态区。森林被称为“地球之肺”，湿地则被称为“地球之肾”，随着全球气温升高，人们越来越关注气候变化，关注温室气体的排放，森林和湿地作为碳汇的重要工具也得到了广泛的重视。川滇生态屏障地区森林覆盖率极高，湿地面积大，可以增加碳汇、调节气候。2012 年，云南林地面积达 3.71 亿亩，森林面积 2.73 亿亩，分别位居全国的

① 数据来源：《云南省水资源公报（2011）》。

② 数据来源：http://www.china.cn.

第2位和第3位，森林覆盖率达52.93%，位居全国第3位。四川省林地面积达3.6亿亩，占全省面积的49%，占全国林地总面积的7.6%，居全国森林面积第4位，是我国三大林区、五大牧区之一和长江上游最大的水源涵养区。此外四川省还有湿地421万公顷，云南省有湿地259万公顷。

（3）川滇生态屏障地区的生态保护

国家和相关省政府一直高度重视川滇地区的生态保护工作，先后出台了多个政府文件，通过法律法规的形式加强该区域的生态环境保护。2010年以来，国务院、国家发改委、环保部等部门先后出台了《全国主体功能区规划》《西部大开发“十二五”规划》《国家环境保护“十二五”规划》《节能减排“十二五”规划》《中国生物多样性保护战略与行动计划》《国家重点生态功能区保护和建设规划编制技术导则》《国家生态建设示范区管理规程》《全国农村经济发展“十二五”规划》等文件，为该区域的生态与环境保护提供了依据。四川省政府先后出台了《四川生态省建设规划纲要》《四川省“十二五”生态建设和环境保护规划》《四川生态市（州）、生态县（市、区）建设规划编制导则》《四川省湿地保护条例》《四川省国民经济和社会发展第十二个五年规划纲要》等相关文件，指导四川省内相关区域的生态环境保护工作。截至2010年年底，全省除3个民族自治州外，21个市州政府和142个县市区政府均已制定了生态建设规划。云南省也先后发布了《云南省生态功能区划》《云南省环境保护厅关于加强生态建设示范区工作的实施意见》《云南省建立草原生态保护补助奖励机制工作方案》《滇西北生物多样性保护规划纲要（2008—2020）》《滇西北生物多样性保护行动计划（2008—2012）》《西双版纳热带雨林保护规划纲要》《云南省人民政府关于加强关于滇西北生物多样性保护的若干意见》《云南省滇池保护条例》《昆明市环境保护与生态建设“十二五”规划》等生态保护文件。

除制定、完善相关法律法规外，各级政府还积极投入到生态保护的行动中。1999年起，我国开始在四川、陕西、甘肃试行退耕还林（草）项目，2000年开始扩大到25个省（区、市），川滇生态屏障地区全部涵盖在内。1999年由共青团中央等八部委共同发起了“保护母亲河工程”，该项目计划建设100万亩绿化工程，保护我国重点江河流域的生态环境。2000年起，党中央、国务院做出了实施“天保工程”的重大决策，川滇生态屏障地区成为“天保工程”的重点区域。2005年云南、贵州、四川、重庆、西藏、广西六省（区、市）携手，开展湖泊污染治理、森林建设等多个项目，开始共同打造“两江（长江、珠江）”

上游生态屏障。2012 年 6 月云南省做出了“建设八大工程，建设西南生态安全屏障”的决策，该项目拟通过新建、改建森林，进行坡地整治，构建“西南生态安全屏障”。2010 年云南省启动了“森林云南”项目，该项目通过建设森林生态体系、产业体系、森林文化体系，提升森林的三大效益。2010 年 10 月，西藏、四川、云南、青海四省（区）签署协议，共同开发香格里拉，开始推进香格里拉生态旅游圈建设。2004 年，四川和云南两省联合成立了川滇环境保护协调委员会，联手保护泸沽湖和金沙江的生态环境。2008 年，四川、云南、贵州三省联合对赤水河流域进行综合管理，以实现对赤水河的生态保护。此外，四川、云南两省还先后实施了草原生态保护项目、石漠化治理项目、滇池治理项目、森林碳汇项目、森林城市建设项目、生态市县建设项目、生态园区建设项目、“绿色卫士”生态保护工程等一系列生态保护措施。目前，川滇生态屏障地区的生态保护已经取得了巨大成就，并形成了长远规划、多方参与的格局。

4.2.2 川滇生态屏障地区农业市场化生态补偿现状

（1）碳汇补偿

碳汇补偿项目是为应对全球气候变暖，通过植树造林、湿地保护等方式，增加碳汇量，从而抵消温室气体排放，而实施的全球补偿项目，其通过碳汇市场贸易实现补偿。四川和云南两省是我国碳汇资源最丰富的省份，也是碳汇贸易补偿项目的先行者，腾冲再造林景观恢复碳汇项目、川西北退化土地造林再造林碳汇项目、川西南碳汇项目等都取得了显著的生态与社会效益。

云南腾冲再造林景观恢复碳汇项目是我国第一个碳汇项目，也是全球第二个成功交易的碳汇贸易项目——森林多重效益项目（FCCB）。该项目于 2005 年，由美国大自然保护协会（TNC）、保护国际（CI）和国家林业局共同发起，旨在通过森林建设，实现森林、气候、社区和生物多样性多重目标。该项目计划在腾冲林业局苏江林场和当地农村社区种植 8 512.5 亩碳汇林，工程预计总投资 350 万元。项目期为 2005 年 4 月 1 日至 2037 年 6 月 1 日，预计可蓄积碳汇量 15 万吨，生产木材 22 万立方米，项目预期总收益可达 1.33 亿元。2007 年该项目通过 CBB 认证，2008 年保护国际以 50 万美元的总价，将该项目将实现的 9 万吨碳汇在美国的碳汇市场上售出。2012 年，经过第三方认证，首批 2 万吨碳汇的补偿款计人民币 104.66 万元，成功支付。农户可按照 112 元/亩的标准，领取碳汇补偿款。

川西北退化土地造林再造林碳汇项目是四川省第一个，也是全国第二个在联合国注册的碳汇项目，该项目由大渡河造林局开发实施。项目设计在理县、北川、茂县、平武、青川五个县21个乡镇的28个村，利用退化土地建设多功能人工林2 251.8公顷，项目每个计入期为20年，计划实施2次更新，总计60年。该项目自2004年开始筹备，2005年完成区域定位，2006年进行了初始信息、社区和碳基线的调查与测算，同年完成了造林作业设计，2008年通过联合国认证并注册成功，2009年11月大渡河造林局与低碳亚洲公司签约，出售其实施的中国四川西北部退化土地的造林再造林项目所产生的碳汇。预计该项目在第一个20年的计入期内（2007年至2026年），可实现减排二氧化碳460 603吨，年均减排23 030吨。按5美元/吨计算，总计可实现230万美元的碳汇收益，预期参与该项目的3 231户、12 745名农民年人均可增收58元。

川西南碳汇项目以增加碳汇和保护生物多样性为主要目标，由瑞士诺华集团、四川省林业厅、大渡河造林局、北京山水国际自然保护中心和大自然协会合作实施。该项目由瑞士诺华集团作为主要投资方，大渡河造林局作为项目方，双方共同投资1亿元人民币，在凉山州的昭觉、甘洛、越西、雷波、美姑五个县和申果庄、马鞍山、麻咪泽3个大熊猫自然保护区，利用退化土地造林63块，合计4 328公顷，用以抵消瑞士诺华集团生产所产生的碳排放量。

2012年，由四川省能源办、成都绿洲科技共同实施的“四川农村中低收入家庭户用沼气建设规划类清洁发展机制”项目，在联合国注册成功，成为全球第一个注册成功的沼气项目。“四川农村中低收入家庭户用沼气建设规划类清洁发展机制”项目，计划在四川的21个市建设180口沼气池，未来10年可实现温室气体减排3 600万吨，预计碳汇贸易补偿额可达11.7亿元人民币。目前该项目所产生的碳汇已经出售给美国、德国等国家的相关企业，实现了初步效益。

除森林碳汇贸易、能源碳汇贸易外，川滇地区还在测土配方等方面积极开展碳汇贸易补偿。四川省广元市的“测土配方施肥”项目，已经成功与上海世博会、广州亚运会等合作，通过发行世博会出行公交卡和亚运会绿色出行羊城通低碳卡实现了碳补偿。截至2012年年底，广元市已经成功完成了5个碳汇交易项目，交易总额已达1.75亿元。

碳汇贸易补偿项目属于市场补偿项目，由于其完善的体系，在生态建设成效方面具有不可比拟的优势，但是其复杂的认证过程、较低的补偿额度和波动的市场价格都影响了生态补偿的效力。例如上述案例中，川西北退化土地造林再造林碳汇项目从实施到第一个贸易成功时间长达5

年；腾冲再造林景观恢复碳汇项目，第一个五年期的补偿仅为112元/亩，年补偿只有22.4元/亩。

（2）生态旅游补偿

川滇生态屏障地区地处青藏高原边缘，地形地貌复杂多样，沟壑纵横，外形独特，地质与水文景观蔚为壮观，天气和气象景观奇特，原始的自然风光、珍稀的动植物物种以及独特的民族文化资源，都为该区域发展生态旅游提供了条件。长期以来，各级政府、民间资本在该区域进行了大量的旅游资源开发，九寨沟、黄龙、四姑娘山、卧龙、贡嘎山、滇池、石林等旅游景点蜚声海内外。这些旅游景区的开发，在促进当地经济发展和生态保护方面取得巨大的成效，同时也使得当地居民的利益受到了冲击，为生态补偿提出了新的课题。近年来，各旅游景区努力探索生态补偿方式，通过二级分配、入股经营等模式，创造了生态保护、景区开发与农牧民增收三位一体的发展与补偿格局。在众多的补偿模式中，九寨沟保护区的开发与补偿效果最为突出。

九寨沟保护区包括树正、扎如和荷叶三个村寨。1966年，林业部成立了白龙江林业管理局，并在九寨沟设立了九寨和日则两个林场，开始在九寨沟地区进行林业砍伐，经过十余年林业开采，沟内森林资源遭到了严重的破坏。1978年九寨沟被国务院批准建立自然保护区；1984年九寨沟被划为第一批国家重点风景名胜区；1992年九寨沟被列入世界自然遗产名录；1994年林业部将九寨沟确认为国家级自然保护区；2007年九寨沟县被国家旅游局正式命名为“中国旅游强县”。经过几十年的发展，九寨沟景区已经成为当地经济的引擎，九寨沟县的统计数据表明，1984年九寨沟景区的旅游人数为2.7万人，2009年增长为142万人，2010年达到了169万人，2011年接待游客282.7万人，2012年前11个月景区的旅游人数就达到了358.54万人，实现门票收入6.5亿元。

九寨沟景区旅游经济的快速发展给当地的生态环境造成了巨大的压力，为保护当地生态资源，实现景区的可持续发展，1998年，景区内实施了天然林全面禁伐；1999年，景区举办了九寨沟生态旅游节；2001年，景区启动了天然林保护、生态治理和退耕还林三大工程，并关闭了沟内客房，实行“沟内游，沟外住”；2004年，景区管委会开始限制居民的部分旅游经营活动。这些生态保护措施的实施，使景区的生态环境得到了有效的保护，同时也严重阻碍了景区内居民的发展。

为了保障保护区内居民的发展权益，九寨沟保护区先后启动了二级分配制度、联合经营模式和就业优先措施，对保护区内的居民进行补偿。二级分配制度，又称基本生活保障费制度，它通过从旅游景区门票收入中提取一定比例，发放给区内的居民作为基本生活费用，实现保护区内旅游开发对居民的补偿。2001 年，保护区管理局开始对每张门票加价 22 元，用于原沟内民营家庭旅社、宾馆、饭店的拆迁补偿，拆迁和二次分配的标准为每人每年 7 200 元，该部分补偿约占保护区居民收入的 38%。联合经营模式是指由保护区管理局和保护区居民共同入股，进行项目经营，居民从股份分红中获得补偿的方式，该部分补偿约占居民收入的 14%。2001 年由九寨保护区管理局和区内居民共同筹资入股，联合经营诺日朗餐厅，保护区管理局占 51%的股份，居民总股份占 49%，分配比例则为 23∶77，保护区管理局将其 28%的红利让给区内居民，作为补偿款。就业优先措施，是指保护区内居民在同等条件下，可以优先进入保护区管理局工作的措施。保护区管理局规定，区内居民大学本科毕业后可进入管理局机关工作，大专毕业可在分公司就业，长期临时工需优先从区内居民中招募，且从事同工种待遇高于区外招聘的临时工。此外，保护区内居民还可以通过优先申请景区划定的商业区摊位、参与决策管理等方式，保障其获得补偿的权利。

九寨沟保护区通过综合运用多种补偿方式对区内居民进行补偿，使其基本权益得到了有效的保障，区内的生态环境得到了有效的保护，为保护区的可持续发展奠定了良好的基础。但是，九寨沟生态补偿的基本模式也存在着不足。第一，被动获得补偿的方式，使区内居民的自主能力下降。由原来靠自主经营获益，转为依靠二级分配和分红获益，其自我组织能力、创业能力、竞争能力大幅下降，不利于区内居民的长期发展。第二，对保护区内居民的补偿，严重拉大了区内外居民的收入差距，与比邻地区一千多元的年收入相比，保护区内居民的收入要高出十多倍，而这些地区的居民同样为保护区的建设做出了牺牲。

4.2.3 川滇生态屏障地区其他生态补偿

（1）退耕还林（草）

退耕还林（草）项目是我国政府为改善生态环境，减少水土流失，对不适宜耕作的农田进行有计划退耕的项目，该项目通过国家、地方财政补贴的方式进行。

1999 年 10 月四川省率先启动了退耕还林（草）试点工程，至 2010 年，全省累计完成退耕还林（草）2 777.4 万亩，占同期全国退耕还林（草）总量的 6.9%。全省 21 个市（州）、176 个县（市、区）参与了退耕还林（草）项目，634 万农户、2 266 万农民直接接受了退耕还林（草）补偿。云南省自 2000 年开始试点，2002 年全面启动退耕还林

（草）工程，至2012年，全省累计完成退耕任务1 732.1万亩，总投资218亿元人民币，全省129个县（市、区）参与了该项目，130万农户、544.6万人接受了退耕补偿，户均累计收益9 462元，人均收益2 274元（见表4-5）。

表4-5　1999—2004年我国退耕还林（草）完成情况统计表

单位：万公顷

地区	合计	退耕地造林（草）	荒山荒地造林（草）
合计	1 916.60	788.60	1 127.98
北京	5.79	3.06	2.73
天津	0.94	0.47	0.47
河北	117.82	49.14	68.68
山西	111.08	40.87	70.21
内蒙古	197.87	74.27	123.60
辽宁	62.01	21.34	40.67
吉林	59.40	20.34	39.06
黑龙江	62.87	24.00	38.87
安徽	46.67	20.67	26.00
江西	40.69	18.68	22.01
河南	66.00	21.99	44.01
湖北	68.12	28.59	39.53
湖南	94.40	43.26	51.14
广西	55.86	20.40	35.46
海南	10.67	4.00	6.67
重庆	82.41	36.67	45.74
四川	153.28	80.56	72.72
贵州	87.78	37.99	49.79
云南	74.61	31.34	43.27
西藏	3.35	1.34	2.01
陕西	182.46	89.07	93.39
甘肃	128.71	53.38	75.33
青海	44.80	18.00	26.80

表4-5(续)

地区	合计	退耕地造林（草）	荒山荒地造林（草）
宁夏	54.24	21.05	33.19
新疆	42.87	18.38	24.49
新疆兵团	21.88	9.74	12.14
部队	40.00	0.00	40.00

数据来源：http://www.forestry.gov.cn.

退耕还林（草）补偿通过实物补偿与先进补偿相结合的方式进行，提高了当地农牧民的收入，具有显著的经济效益。1999 年四川省的退耕每亩的补偿标准为 150 公斤原粮加 20 元先进补助，退耕还草的补助时间为 2 年，经济林补助时间为 5 年，生态林补助时间为 8 年。四川省在退耕补偿过程中，还根据农户的实际需要，对补助的具体发放时间做了规定，其中粮食补贴可以预付 50%，由此很大程度上解决了农民退耕后的生计问题。2007 年，经国务院批准，四川省对参与退耕还林（草）的补偿进行了调整，将享受少数民族政策的甘孜藏族自治州、阿坝藏族羌族自治州和凉山彝族自治州等州市的 57 个县的退耕补偿金调整为 210 元；同时规定原 20 元每亩每年的生活补助仍然保留，并与管护责任挂钩；原 30 元每亩每年的粮食补助保持不变；对于非民族自治县区，按照 105 元每亩每年的标准执行。

退耕还林（草）补偿项目在为农牧民带来经济效益的同时，也创造了显著的生态效益。以红原县退牧还草为例，根据《四川省川西北草原退牧还草工程建设规划》，红原县退牧还草规划总面积为 998 万亩。自 2003 年正式启动到 2010 年 3 月，共投入项目资金 10 128.5 万元，完成了 7 批共 541.23 万亩退牧还草建设任务，其中 30%左右为严格的禁牧，70%左右为休牧。通过数年的努力，该项目取得了显著的生态效益。如图 4-4 所示，该区域植被覆盖率显著提升，该区域也是退牧还草的重点区域。

相关数据还表明，仅四川省近十年的退耕还林（草）工程累计减少的土壤侵蚀量即达到了 3 亿多吨，涵养水源量达 288 亿多吨，释放氧气达6 315万多吨，固定二氧化碳达 7 392 亿吨，大幅降低了四川境内长江一级支流的年输沙量。

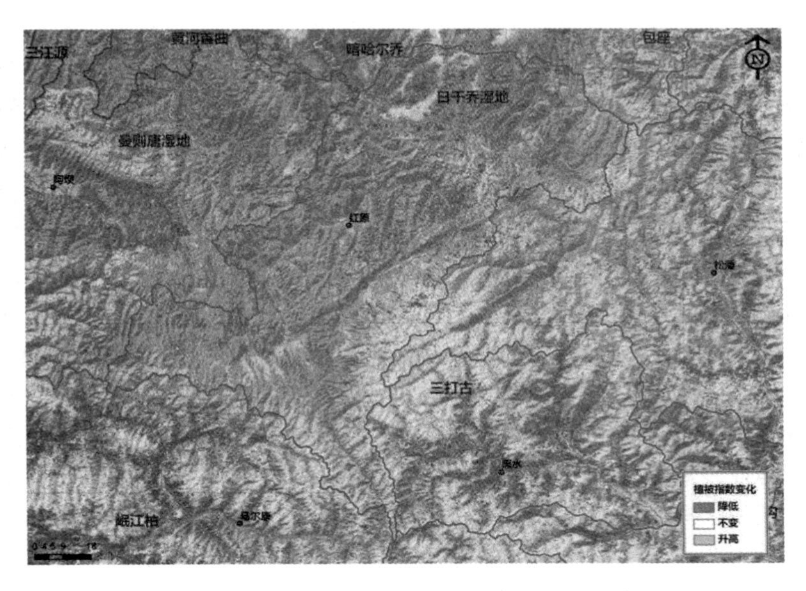

图 4-4 2001—2011 年红原县植被指数变化情况

一方面，退耕还林（草）项目极大地促进了该地区的生态建设，同时也使失去土地的农民获得了一定的补偿，一定程度上解决了其生计问题，但是由于补偿额度极低，其发展权没有得到保障。以非民族自治地区为例，每亩地每年 100 多元的补偿款，远远不能保证农民的教育、医疗等开支。另一方面，补偿标准、补偿区域的限制也造成了退耕地区内部及退耕地区与非退耕区域的不公平，对该区域的长期发展存在一定的副作用。此外，退耕补偿所产生的巨大费用，对政府财政，尤其是地方财政造成了很大的负担，这种负担在重点生态县及贫困县更为突出。例如峨边彝族自治县，2009 年全县人口仅 14.6 万人，财政收入不足 1.6 亿元，但其财政赤字却高达 6 亿多元。

（2）天然林资源保护工程（天保工程）

天保工程是我国为应对天然林资源过度消耗引起的生态环境恶化，在长江、黄河以及东北、内蒙等国有林场，通过天然林禁伐、安置林区职工等措施，实现天然林的休养生息和生态保护的工程项目。

四川省自 1998 年开始实施天保工程，至 2010 年全省已经全面停止了天然林的商品性采伐，并落实了 32 300 万亩的森林管护责任，对 44.5 万亩天然林进行了更新，并新建了 7 275 万亩公益林，完成森林抚育 870 万亩次。此外四川省还大幅度调减商品木材的产量，至 2010 年总计调减产量达 3 399 万立方米，仅此一项即相当于少了 300 多万亩的天然林采伐。2011 年 7 月四川省出台了天保工程二期方案，该方案确定了继续停止天然林采伐的方针，并计划投资 252.39 亿元，至 2020 年实现 27 728 万亩的森林管护，抚育 1 043 万亩国有中幼龄林，建设 1 080万亩公益林，建设集体公益林 9 475.5 万亩；并进一步完善国有林场职工的养老、医疗、失业、生育和工伤五项保险支出政策。云南省天保工程覆盖了 13 个州市的 69 个县和 17 个国有重点林场，工程建设区面积达 3.5 亿亩，设计覆盖 2 884 万人。至 2010 年，云南共投入资金 77.36 亿元，实施森林管护 18 965 万亩，营造公益林达 3 764 万亩。2011 年云南省出台了天保工程二期方案，该方案涵盖了 72 个县和 3 个重点林业企业，计划新增 1 000 万亩森林，1.7 亿立方米森林蓄积量。

天保工程补偿，主要针对原国有林业企业，通过实施补偿，促使其转变职能，由森林采伐转为森林保护。川滇地区的补偿额度根据生态价值与林业发展情况确定。其中长江上游人工造林，每亩给予 200 元补助，黄河上中游人工造林每亩给予 300 元补助；在近山区飞播造林，每亩给予 120 元补助，远山区飞播造林的补助则为 50 元每亩；封山育林的补助统一为 70 元每亩。此外，天保工程补偿还包括每人每年 10 000 元的森林管护费、12 000 元教育经费和 6 000 元的医疗经费①。

从天保工程一期的实施效果看，该补偿项目对川滇生态屏障地区的生态保护、经济和社会发展都起到了巨大的促进作用。

在生态保护方面。仅在 2008 年一年内，四川省天保工程即实现了减少 10 055.3 万吨土壤侵蚀，涵养 692.4 吨水源，储存 6 987 万吨碳汇，释放 14 901 万吨氧气，积累 114.3 万吨营养物质，净化 39 604.7 万吨空气污染物和提供 124 855.3 万亿个空气负氧离子的生态功能。云南省天保工程一期的实施大大改善了项目区的生物群落结构，显著增加了亚洲象、红豆杉等珍稀动植物物种群和数量，其中仅滇金丝猴十年内增加了 400 余只②。

在经济效益方面。天保工程的经济效益主要体现在农民增收和经济结构调整两个方面。第一，该工程的补偿使农民收入得到了提高。以四川省南部县为例，天保工程推动了当地干果、药材、林业等特殊产业和生态旅游产业的发展，从而增加了农民收入。据统计，2007 年全县实现林业产值达 2 亿元，对农民人均纯收入的贡献达 160 元每人每年。第二，天保工程还通过林业企业转型，特别是大型国有林场转型，促进了经济结构调整。以云南省为例，仅在天保工程一期的实施过程中，云南全省森林企业职工就从 3.9 万人下降到 1.2 万人。

---

① 数据来源：http://www.forestry.gov.cn.

② 数据来源：http://www.xinhuanet.com.

在社会效益方面。通过实施天保工程，原有林业企业职工养老、医疗、工伤等社会保障得以落实，林区基础设施条件得到了大幅度的提高，从而促进了当地的社会稳定与发展。仍以云南省为例，通过天保工程的实施，项目区内5万多名在职和离退休人员的社会保障得到了基本落实，解决了困扰老国企多年的难题。

天保工程在取得重大的生态、经济与社会效益的同时，也存在严重的不足。除巨额的政府投资存在可持续性问题外，该项目结束后，如何建立保护区的后续管理补偿渠道，实现天然林保护的持续性，是天然林保护亟待解决的问题。

（3）西部大开发、震后对口支援

2000年1月，为促进东部生产力向西部的转移，从而发展西部扩大内需，促进全国经济的发展，国务院提出了西部大开发战略，并成立了西部大开发领导小组，同年3月我国开始实施西部大开发战略。西部大开发战略实施以来，党中央先后出台了众多扶持政策支持西部发展，并取得了显著成效：西部的国民经济得到快速发展，“十一五”期末，四川三个民族自治州年均GDP增长达到了12.5%；基础设施建设水平迅速提升，仅四川三个民族自治州“十一五”期间用于基础设施的投入就达到了600多亿元；人民收入年均增长达9.6%。

2008年5月四川汶川发生特大地震，地震发生后，国务院提出了三年内投资1万亿元进行灾后重建的方案，并组织实施了“山东+北川”“广东+汶川”等一省帮一个重灾县的对口援建计划。通过四年的努力，重灾区的基础设施建设得到大幅提升，住房布局更加优化，生态环境得到有效恢复。2011年，六个重灾市GDP、财政收入、居民可支配收入和农民纯收入分别是2007年的1.95倍、2.39倍、1.7倍和1.75倍，灾后重建取得了圆满成功。

西部大开发战略、灾后重建中的对口支援，体现了我国的民族团结精神，体现了集中力量办大事的政治体制优势，但是从另一个方面看，东部地区对西部地区的支援行为是一种必要的补偿，应该制度化、常态化。

第一，西部大开发是我国国民经济发展的重大战略决策，是邓小平“两个大局”思想的实践。灾后重建中的对口支援模式是西部大开发的成功经验，也是“两个大局”思想的重要实现手段。在东部地区优先发展的过程中，西部无论在物质资料、劳动力供给，还是在提供产品市场和提供生态环境服务方面都做出了巨大贡献，因此“沿海地区帮助西部地区的发展”同样是一个东部对西部补偿的过程。

第二，由于西部处在大江大河上游的特殊地理位置，具有丰富的生态资源禀赋与脆弱的生态现状等特点，在西部发展过程中，生态环境的保护无疑是重中之重，这势必也会影响到该区域的经济增长，因此需要东部作为生态环境的受益者对其进行经济补偿。从这个意义上说，东部对西部地区的支援，更是一种应该和必须的补偿。与重点项目和特殊情况的支援不同，这种必要的补偿应该是可持续的，需要一定的体系进行复返，生态补偿机制正是其中的一种模式。

除上述补偿项目外，川滇生态屏障地区还实施了数量众多的其他生态补偿项目，如母亲河工程项目、生态移民项目、生态扶贫项目、矿山开采补偿项目、湿地保护项目、石漠化治理、水电开发补偿项目等。这些保护项目或由政府主导，或由企业、社会组织主导，都为该地区的生态保护和经济社会发展做出了巨大贡献。

4.2.4 川滇生态屏障地区生态补偿的特点与不足

川滇生态屏障地区是我国实施生态补偿较为集中的区域，通过多年的补偿探索与实践，该区域在生态补偿方面积累了丰富的经验，有其特点，同时也存在很多不足之处。

4.2.4.1 川滇生态屏障地区生态补偿的特点

生态补偿模式的多元化。从补偿模式上看，该区域的生态补偿过程中有政府主导的退耕还林（草）、天然林保护等大型补偿项目；有基于市场化的生态旅游补偿等社会化补偿项目；也有 NGO 参与的生态扶贫等补偿项目；还有多种模式结合的补偿，如碳汇补偿中的自愿补偿与碳汇贸易结合补偿。补偿的模式较为全面。从补偿内容上看，该区域的生态补偿涉及对生态资源使用的补偿，如水电开发补偿；对损失的补偿，如保护区对涉及农民的补偿；对生态服务提供的补偿，如湿地保护补偿等多方面的补偿。从补偿额度的确定方面看，该区域生态补偿额度的确定方式包括按照生态价值补偿（碳汇价值）、建设成本补偿（退耕还林）等方式。

生态建设成效显著。从相关统计数据可以看出，通过十多年的生态补偿与生态建设，川滇生态屏障地区森林覆盖率大幅度提高，水土流失减少迅速，湿地面积大幅增加，草场质量显著改善，生物物种数量与种群规模都得到了较好的保护与恢复，区域的生态保护与建设已经初显成效。

4.2.4.2 川滇生态屏障地区生态补偿的不足

补偿额度不足，不能保障被补偿者的发展权。从川滇生态屏障地区的特点出发，对该区域的生态补偿应该满足，对当地居民生态贡献的补偿和保障其公平分享国家发展的成就两个目标。但是，由于补偿额度严重不足，目前该区域的生态补偿仅仅能够满足他们的生存，远远未能实现上述目标，更谈不上发展。

由于制度设计上的缺陷，现有的生态补偿制度远未达到“反映市场供求和资源稀缺程度、体现生态价值和代际补偿”的目标。以退耕还林项目为例，由于对该项目最终成果的考核以植树数量和成活率为依据，农民出于对树木成活率指标的担忧，加大了树木的种植密度，由此造成退耕区树木密度严重超过自然生长区，从而使树下植被的生长受到遏制，在增加了森林覆盖率的同时，不但没能改善生态环境，反而造成了林下生态系统被破坏；同样，矿产资源等不可再生资源开发的补偿没有有效的制度规范，从而导致补偿额度严重不足。

补偿覆盖面窄，造成了新的社会分配不公。从该区域补偿的规模看，其主要补偿主体还是政府，而政府补偿往往按照行政区域进行，行政区域与生态区域的不一致，造成了补偿对象及补偿额度的差异，进而形成了新的社会分配不公。如退耕还林中，相邻两块退耕地块就可能会因为是否处于民族自治地区，出现一倍甚至更大的补偿额度差别。此外，由于政府补偿是按照既定的补偿项进行，只能对一些重要的内容或急需解决的生态问题进行补偿，不能全面覆盖所有的生态建设内容，从而使一些小型的生态补偿项目不可能得到补偿，由此也造成了生态补偿的不公平性。

大规模的政府补偿给政府财政造成了巨大的压力。由于该区域属于生态富集区，同时又是生态脆弱区，其生态补偿所需要的资金巨大，“中央+地方”的模式给地方财政造成了巨大的压力。以甘孜藏族自治州生态移民为例，该项目计划移民 20 万人，补贴标准为 11 000 元/人，其中州财政支付 6 000 元/人，合计 12 亿元，而该州 2009 年财政收入仅为 8 亿元，根本无法支付如此巨大的补偿资金。

4.3 农业市场化生态补偿机制构建的影响因素与建设条件

4.3.1 农业市场化生态补偿机制构建的影响因素分析

鉴于川滇生态屏障地区农业生产中产生的丰富的生态价值，建立市场化生态补偿机制，对农业生产进行生态补偿，已经得到了广泛的认可。然而该机制的建立与完善仍然受到我国的经济社会发展水平、政治意愿、公众意识等多方面因素的影响。

（1）经济社会发展水平因素

马克思认为经济基础决定上层建筑，国内外生态补偿的发展进程也显示，经济社会发展水平与生态补偿的建设进程息息相关。美国经济学家 Grossman 和 Krueger1991 年首次证实了环境库兹涅兹曲线的存在，即在低收入水平上污染随收入增加而上升，在高收入水平上污染随着收入的增加会减少。尽管环境与收入的这种关系由多方面因素决定，但是当经济社会发展到一定水平时，人类对于环境保护与补偿的投入增加是决定因素。一方面，这是因为生态补偿必须以一定的经济基础作为支撑，在经济发展严重滞后的情况下，人们即使想对生态环境进行补偿也无法真正实现。例如，20 世纪 80 年代，随着我国人口的增长，粮食需求不断加大，为了保障国家的粮食供给，化学肥料被广泛应用，对生态环境造成了巨大的影响。在这一阶段，相对于环境问题，粮食需求是我国面临的更严重的问题，进行生态补偿也就无从谈起。另一方面，进行农业生态补偿所需要的技术储备，也需要以经济社会发展为前提，如对农产品所包含的生态价值量进行测算的技术、农业生态补偿的监督技术、循环农业技术等。

（2）政治意愿因素

农业生态补偿是对农业生产的外部性进行的补偿，由于存在外部性，农业生产的价值不能通过市场进行直接体现，必须通过政府干预才能使农业生产者获得合理的收益。即市场化生态补偿需要政府通过一定的制度安排，建立生态价值的交易机制才能实现。因此政府对于环境保护与建立生态资源有偿使用制度的意愿，直接影响着生态补偿机制的建立。以碳汇补偿为例，尽管温室气体已经被确定为污染物，其排放将加剧全球气候变暖，并引发全球灾难，但是以美国为首的多国政府仍然不愿加入《京都议定书》的行动计划。由此，也使碳汇补偿机制不能得到有效的实施。可见，政治意愿对生态补偿机制建设与实施的影响巨大。

（3）公众意识因素

在生态补偿过程中，公众既是生态补偿的受益者，也是补偿的主体，社会公众的环保意识、生态意识直接影响到生态补偿实施的效果。同样在农业市场化生态补偿中，根据使用者付费的基本原则，社会公众作为农产品的消费者与农业生态服务的受益者，更是当仁不让的补偿主体，其生态环保意识的强弱，直接关系到农业生态补偿的额度的多少与补偿效果的好坏。

公众意识对农业生态补偿的影响，主要表现在其对自身权益的维护与社会责任的担当两个方面。公众对自身权益的维护，是指社会公众有生活在良好的生态环境中的权益。对于这种权益的维护，不仅仅是政府的工作，更是每一个社会公众的责任，也不是仅仅依靠政府可以实现的，需要社会公众的参与。对公民生态权益的维护，包括对生态环境破坏行为的监督与谴责、对生态补偿行为的认同与鼓励等方面。这些维权行为需要公众参与，通过社会参与将更具效力，而这种参与必须以社会公众具有较强的生态意识为前提。社会公众在农业生态补偿中的责任，是指公众作为生态服务的使用者与农产品的消费者应当承担的付费责任。德国有机食品的发展、美国湿地银行的经验，都证明这种付费责任的履行同样需要公众意识的增强。

（4）生态资源的稀缺程度因素

经济学中关于资源稀缺性的论述，同样适用于生态资源，生态资源的稀缺性决定着生态资源的价格，也影响着生态补偿机制的建设进程。以清新的空气为例，经济学的一般理论认为，空气作为取之不绝用之不尽的资源，不存在稀缺性，因此不具有价值。随着工业污染的加剧、全球气温升高、我国大面积雾霾的出现，空气资源的生态价值日益凸显。全球碳汇贸易机制被引入对气候变暖的控制中，我国汽车尾气排放的收费机制也呼之欲出。可见，生态资源的稀缺性一定程度上决定着生态资源的价格，也影响着生态补偿机制的建设与实施。

在农业生产过程中，生态价值多年来一直未能得到体现，但是随着我国生态环境的破坏与环境质量的恶化，以及人民生活水平的提高，食品安全问题已经受到了全社会的关注，农业生产所产生的生态价值也逐步为人们所了解。近年来，有机食品、绿色食品、无公害食品等农产品的价格不断上涨，其需求量也出现了激增，这不仅反映了大众对食品安全的关注，也是农产品生态价值的稀缺性决定的。绿色、有机农产品价格的提高与需求量的增加，在一定程度上通过市场行为实现了农产品的生态补偿。可见，农产品生态价值的稀缺性，可以促进其生态补偿的实现，同样可以促进其补偿机制的建设。

（5）实施层面的因素

川滇生态屏障地区农业市场化生态补偿机制作为一种制度安排，在实施层面的影响因素主要有成本效益因素、生态价值的产权归属因素、补偿主体的因素等方面。

成本效益因素对川滇地区农业生态补偿的实现具有决定性的作用。纵观国内外生态补偿的案例，成本效益都作为其评价的主要指标之一。美国的环境质量改进计划中，成本效益指标作为项目申报的核心指标，只有生态建设的成本低于项目所产生的生态效益时，该项目才具备申报条件，相关部门根据成本效益的比值在申报项目中进行选择。在川滇生态屏障地区农业市场化生态补偿机制中，成本是指补偿机制实施的制度成本，效益是指生态补偿的效果，只有补偿效果大于制度成本时，该机制才具有可行性，该机制的实施才能够吸引农产品的生产者与消费者广泛参与，从而实现生态补偿的目标。因此，川滇生态屏障地区农业市场化生态补偿机制的设计，必须符合制度成本最小化和补偿效率最大化的要求，才能发挥其效力，实现补偿目标。

科斯理论认为只有产权明晰且交易成本为零或极低，市场均衡的结果才都是有效率的。即在农产品的销售过程中，只要农业生产的生态价值产权明确，且交易成本极低，就可以通过市场交易实现对农业生态价值的补偿，反之若其生态价值的产权不清，则不能通过市场进行补偿。根据该理论，对农业生产中所含生态价值量的确定与生态价值的归属，决定着补偿机制的合理性与可行性。

生态补偿主体的确定是生态补偿的核心问题之一，在农业生态补偿过程中，生态补偿主体的因素，直接影响着补偿机制实施的可行性与补偿效果。这些因素包括农业生产者的确认、对补偿效果的控制与管理等方面。例如，一家一户的生产模式中，在农业生产过程中的生态价值量的确定、补偿的实施等方面，都存在成本过高与补偿效果不明显的弊端。这些弊端直接影响了补偿的效力，进而影响了补偿机制的可行性。

4.3.2　农业市场化生态补偿的建设条件分析

自2000年以来，我国政府通过试点推广等方式，进行了大量的生态补偿实践，并通过不断制定与完善法律、法规，为农业生产市场化生态补偿机制的构建提供了有利条件。

（1）法律条件

改革开放以来，我国不断完善生态环境保护与补偿的相关法律法规，出台相关政策，为川滇生态屏障地区农产品市场化生态补偿，提供了法律和政策依据。

法律法规依据。截至2012年年底，国务院及各部委颁布实施的生态环境相关的法律法规共395项，其中国际公约18项，环境综合类27项，水环境类32项，大气环境类24项，噪声振动类10项，固体废弃物类26项，化学品类27项，放射辐射类12项，抗震减灾类10项，建设项目类20项，综合整治类6项，排污管理类14项，能源资源类21项，自然保护类13项，绿化环卫类10项，土地农业类33项，监测监理类 22 项，环境政务类 27 项，环保科技类 43 项[①]。此外，国务院、各部委还颁布实施了 100 余项法规条例，指导生态补偿的实施工作；省市县各级政府，根据自身发展的需要也制定了大量的生态补偿条例。这些法律法规为川滇生态屏障地区农产品市场化生态补偿机制的建立提供了法律依据与条件（表 4-6、表 4-7）。

表 4-6 生态环境相关法律（摘选）

序号	法律	颁布日期
1	中华人民共和国环境保护法（试行）	1979/09/13
2	中华人民共和国海洋环境保护法	1982/08/23
3	中华人民共和国环境保护法	1989/12/26
4	中华人民共和国大气污染防治法	1987/09/5
5	中华人民共和国固体废物污染环境防治法	1995/10/30
6	中华人民共和国环境噪声污染防治法	1996/10/29
7	中华人民共和国海洋环境保护法	1999/12/25
8	中华人民共和国水污染防治法	2000/03/20
9	中华人民共和国环境影响评价法	2002/10/28
10	中华人民共和国固体废物污染环境防治法	2004/12/29

资料来源：http://law.people.com.cn/index.action.

政策依据。1998 年长江发生特大洪水后，我国提出并实施了天然林保护工程，其成为我国最早的生态补偿工程。党的十六大期间，我国政府提出了生态文明的概念，并在十六届五中全会上，提出了生态文明的发展道路。党的十七大从生产、生活、能源节约三个方面，提出了生态发展战略，并要求建立生态补偿机制。2012 年，党的十八大报告提出了“经济、政治、社会、文化、生态”五位一体的总布局，将生态文明建设提升到了中华民族永续发展的高度，并提出“建立反映市场供求和资源稀缺程度、体现生态价值和代际补偿的资源有偿使用制度和生态补偿制度”。

表 4-7 生态补偿相关法律法规（摘选）

序号	法律法规	颁布时间
1	石油地震勘探损害补偿规定	1989/10/17

① 数据来源：http://www.chinaeol.net.

表4-7（续）

序号	法律法规	颁布时间
2	矿产资源补偿费征收管理规定	1994/02/27
3	蓄滞洪区运用补偿暂行办法	2000/05/23
4	关于国家级生态示范区标志使用和管理的通知	2001/03/19
5	“十五”国土资源生态建设和环境保护规划	2001/05/10
6	矿产资源补偿费使用管理办法	2001/11/22
7	关于加强水土保持生态修复促进草原保护与建设的通知	2004/09/04
8	关于有序开发小水电切实保护生态环境的通知	2006/06/18
9	国家环境保护总局关于开展生态补偿试点工作的指导意见	2007/08/24
10	国家重点生态功能保护区规划纲要	2007/10/31
11	国家生态工业示范园区管理办法（试行）	2007/12/10
12	关于开展国家生态工业示范园区建设工作的通知	2007/04/03
13	国家生态文明教育基地管理办法	2008/04/09
14	2012年中央对地方国家重点生态功能区转移支付办法	2012/06/15

资料来源：http://law.people.com.cn/index.action.

（2）现实条件

经过几十年的快速发展，我国已经具备了建立市场化生态补偿的经济基础和产业条件。

改革开放以来，我国连续多年保持了经济的快速增长，为建立生态补偿奠定了经济基础。这种“高投入，高产出”的增长方式，一方面由于其不具有可持续性，迫使我国不得不转变增长模式，走经济、社会、环境可持续发展的道路；另一方面，也实现了经济积累，使我国成为世界第二大经济体，为我国进行产业升级、实施环境整治、开展污染治理、进行生态补偿等措施，走可持续发展的道路，奠定了经济基础。

农业产业发展水平为川滇生态屏障地区生态补偿机制建设提供了保障。补偿主体的确定、对补偿过程的监控，是生态补偿机制建设的难点。川滇生态屏障地区农业产业的发展成就，为农业生态补偿主体的确定和补偿过程的监管提供了条件。这些成就包括：农业产业链的延长、农产品物流体系的完善、食品安全体系的建设和农村专业合作社的发展等方面。首先，农业产业链的延长和农产品物流体系的完善，使农业生产者的规模扩大，农业生态补偿中责任主体更加明确；其次，食品安全体系的建设和完善，为农业生态补偿的监控体系提供了可借鉴的经验与渠道；最后，农村专业合作社的发展与家庭农场的提出，可以规避小规模的农户经营在生态补偿中带来的监管、补偿等种种弊端。

生态补偿的技术条件逐步成熟。生态补偿机制的建立需要一定的技术作为支撑，这些技术包括生态价值的评估技术、生态群落的设计与建设技术、生态保护与恢复技术等，这些技术在一定程度上影响着生态补偿机制的可行性。我国科学技术的发展，尤其是近十年，生态补偿试点工作开展以来，已经在农产品生态价值核算、不同农业生产对生态环境的影响、循环农业技术等方面积累了大量的技术储备，可以为农业生态补偿提供支持。

（3）实践条件

我国生态补偿的尝试，为川滇生态屏障地区农产品的市场化生态补偿机制建设提供了实践条件。2000 年以来，我国在全国范围内开展了生态补偿试点工作，这些生态补偿的客体多为农产品，其中广元的测土配方施肥补偿、巢湖的渔业补偿、福建的生态林补偿、神农架和九寨沟的生态旅游补偿、山东的水资源补偿等补偿项目，都是以农业或农产品为补偿客体，并取得了一定成效，积累了丰富的经验，可以为川滇生态屏障地区的市场化生态补偿机制建设提供借鉴。

4.4 本章小结

本章对川滇生态屏障地区的农业生产现状、农业生产的生态价值和该区域生态价值的特殊性进行了探讨，对现有的生态补偿机制进行了研究，并对市场化生态补偿机制建设的影响因素与建设条件进行了分析。

分析认为，川滇生态屏障地区是我国传统的农业产区，其生态价值除了具备农业生态价值的一般特点外，还具有价值量大、生态地位高等特点；现有的以政府为主导的生态补偿，促进了该区域的生态保护与建设，增加了农民收入；由于存在补偿额度不足、覆盖范围窄等缺陷，现有农业生态补偿机制远未达到“反映市场供求和资源稀缺程度、体现生态价值和代际补偿”的目标。

对川滇生态屏障地区市场化生态补偿的影响因素及建设条件进行分析后认为，经济社会发展水平是首要影响因素，政治意愿、公众意识、生态资源的稀缺程度和实施层面的因素也影响着农业市场化生态补偿机制的建设；经过几十年的发展与积累，目前川滇生态屏障地区已经具备了建设农业市场化生态补偿机制的法律、现实与实践条件。

5 川滇生态屏障地区农业市场化生态补偿机制构建的原则、目标、思路

5.1 农业市场化生态补偿机制构建的原则

5.1.1 公平性原则

公平性原则是生态补偿的基本原则之一，本书对川滇生态屏障地区的生态补偿体系设计亦遵循该原则。从该区域的基本特点出发，公平性原则包括生态服务提供者与使用者效益的公平性、同一代人发展权的公平性和代际生态资源使用的公平性三个方面。生态服务提供者与使用者之间效益的公平性也即“保护者获益，受益者补偿”，该原则也是我国政府提出的生态补偿的基本原则；同一代人之间发展权的公平性，主要考虑我国西部地区作为生态资源的富集区，同时也是贫困地区，因此进行生态保护的同时，应该让该区域居民分享我国经济与社会发展的成果，即将生态补偿与扶贫开发相结合；代际生态资源使用的公平性，是指对生态资源的使用要考虑可持续性，考虑后代人的需求，即对不可再生资源的生态价值核算应以替代资源的开发为前提。

5.1.2 全面性原则

全面性原则包括生态保护内容的全面性和参与补偿主体的全覆盖两个方面。生态资源作为一个系统存在，其各项内容如生物多样性、水土流失、水资源保护等都是系统中相互依存的部分，单一的保护工作无法，也不可能完成既定的目标，因此生态保护必须全面开展。在生态补偿系统中，补偿主体的全面性很大程度上决定着补偿效果，如浙江的排污权交易，由于其交易主体不能覆盖全部的污染企业，尽管交易本身比较成功，但对于环境保护的效果并不理想。因此，生态补偿体系应该考虑补偿主体的全面性，既要考虑区域间的补偿，又要考虑区域内的补

偿；既要考虑产业间的补偿，又要考虑产业内的补偿。

5.1.3 开放性原则

开放性原则包括补偿者进入该体系通畅性、生态保护范围的可拓展性和监督机制的开放性。补偿者进入系统的通畅性是指生态补偿体系不仅能够接受制度范围内的补偿行为，即接受法律强制规范的补偿者的补偿，还应该具有接受制度体系外的补偿者的补偿行为，即自愿补偿者的补偿行为，尤其是鼓励。以碳汇贸易补偿模式为例，该模式既可以实现CDM框架内的补偿，又可以通过自愿减排市场接受非《京都议定书》第一附件国家的企业或组织的补偿。生态保护范围的可拓展性是指生态补偿体系可以灵活地接受新的生态保护需求，可以与市场化补偿模式外的其他补偿方式相结合。监督机制的开放性允许体系外的监督，如网络监督等，通过开放的监督机制可以保障体系更好运行。

5.2 农业市场化生态补偿机制构建的目标

实现生态资源的市场化配置。生态补偿的目标是确保生态资源有效配置与利用，市场化生态补偿是通过一系列的制度安排，明确生态资源的产权，消除市场失灵，发挥市场在资源配置过程中的优势，实现市场对生态资源的有效配置。本书将实现生态资源市场化配置作为首要目标，对川滇地区的生态补偿体系进行制度设计，力求实现生态补偿的市场化，提高生态资源的利用效率。

充分发挥政府对生态补偿的导向作用。长期以来，我国政府一直是生态补偿的主体，同时拥有生态服务的提供者、生态补偿者和生态补偿的管理者三重身份出现在生态补偿过程中。这种现象从一方面可以加大生态补偿力度，另一方面却影响了生态补偿的效率。本书从市场化补偿出发，将发挥政府的导向作用作为生态补偿机制构建的重要目标，希望发挥政府在政策导向、公信力等方面的优势，建设政府引导、市场运作、社会补偿的制度体系。

促进该区域经济与社会的可持续发展。通过建立生态补偿机制，实施生态补偿，促进区域生态资源与环境的保护，从而实现区域经济与社会的可持续发展是生态补偿实施的最终目标。本书在生态补偿体系设计过程中，将如何发挥该体系对个人、社区、企业、政府等社会单元的督促作用，实现生产、生活与消费模式的改变作为基本目标，以期通过该体系的实施，促进川滇生态屏障地区实现经济与社会的可持续发展。

5.3 农业市场化生态补偿机制构建的思路

要实现生态补偿的市场化，必须具备较高的生态文明水平、严格的监控机制和灵活的制度体系，并以生态保护与建设为最终目标。生态文明程度的提高，需要通过法律法规的完善，政府、社会组织的大力宣传、教育、引导，逐步实现；监督、控制体系的建设，则需要大量的人力、物力及时间成本的投入。这对川滇地区生态补偿机制的构建与实施，造成了巨大的障碍。本书借鉴国内外市场化生态补偿的成功经验，统筹考虑补偿范围与内容、市场创造、生态服务与产品贸易、补偿的制度成本几个方面，对川滇生态屏障地区市场化生态补偿机制的补偿内容确定、主客体识别、制度安排以及额度厘定，进行系统研究。

5.3.1 通过法律法规建设创造生态市场

生态服务的外部性，决定了不能直接通过市场进行生态资源的配置，只有通过法律法规建设，明确生态服务的产权，创造生态市场，才能实现生态补偿的市场化。因此，法律法规建设，是实现市场化生态补偿的前提条件，也是实现生态服务价值市场补偿的前提条件。本书将法律法规建设作为农业市场化生态补偿制度设计的重要内容之一，通过法律法规体系设计，明确农产品生态价值的产权，从而为市场化生态补偿奠定基础。

5.3.2 基于农产品贸易建设农业生态补偿体系

市场化生态补偿必须通过一定的标的物交易实现，生态服务属于无形产品，很难直接进行交易。要实现市场对生态服务资源的配置，就必须选择相应的、具有生态服务价值的载体，通过载体的交易，实现生态服务资源的交易，进而实现补偿。本书认为，无论是生态系统的生态服务价值，还是生态品本身的生态服务价值，都凝结在产品上，例如生态农产品，可以参照国外有机农产品认证、交易的经验，通过生态价值认证的方式确定农产品生产过程中产生的生态价值。因此，农产品可以作为农业生态价值交易的载体，即可以基于农产品贸易建立农业生态补偿体系。

5.3.3 借助食品安全体系，降低制度成本

本书按照现实与可行的原则，结合川滇生态屏障地区农业生产和农业生态价值的特点，将现有的农业生产体系、食品安全体系与生态补偿体系、生态建设体系和生态文明建设相融合，通过生态文明建设，提高社会公众的生态意识，完善生态资源有偿使用的法律法规，创造生态市场；借助农业生产与食品安全体系，构建农业生态补偿的监督机制；通过构建生态建设机制，促进重点生态项目建设；通过建设生态指标交易，实现生态资源使用总量的控制与生态指标的交易；进而通过农产品贸易与生态指标交易，实现农业生态补偿的市场化（见图5-1）。

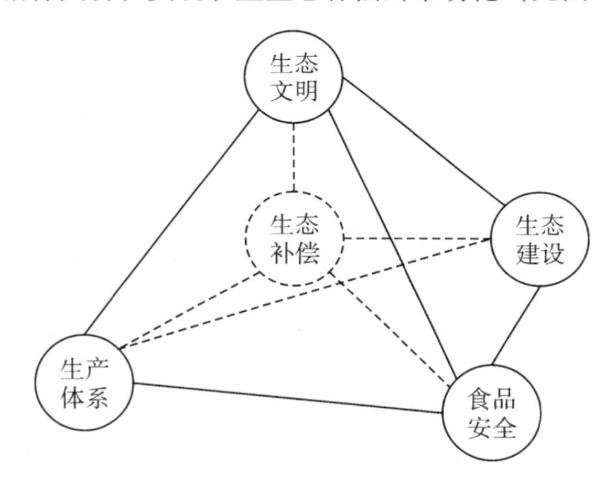

图5-1 市场化生态补偿机制构建的思路

5.4 本章小结

本章对川滇地区农业市场化生态补偿机制建设的原则、目标、思路进行了探讨，提出了公平性、全面性和开放性原则，实现市场对生态资源的配置、发挥政府导向作用和推动可持续发展的建设目标，通过立法创造生态市场、结合农业生产与食品安全构建农业市场化生态补偿机制的思路。

6 川滇生态屏障地区农业市场化生态补偿的主客体及内容

如前所述，生态补偿机制是一系列的制度安排，通过这些制度安排，实现对生态价值外部性的补偿，其包括生态补偿内容的确定、补偿主客体的识别、补偿制度的设计、补偿额度的厘定等主要内容。

本章围绕农业产业对参与川滇生态屏障地区市场化生态补偿的主体进行了分析与确定，对补偿客体进行了选择，并对补偿的内容进行了限定。

6.1 农业市场化生态补偿的主客体

生态补偿主客体的确定是补偿的前提，确定生态补偿的主体就是要解决“谁补偿谁”的问题，从而解决资金筹措和使用问题。如第3章所述，对于生态补偿的主客体的识别，国内学者仍存在较大分歧。本书从市场化补偿的操作性出发，将生态补偿的主体定义为生态补偿过程中的参与者，包括管理者、补偿者、接受补偿者和监督者；将生态补偿的客体定义为生态资源及生态补偿过程中生态资源的衍生品或虚拟资源，即生态补偿的标的物，包括森林、沼泽、清洁的水源等现实的生态资源，排污权、碳排放指标、信用证等虚拟生态资源。

6.1.1 利益相关者分析

由于川滇生态屏障地区特殊的生态地位，其生态服务价值的利益相关者包括川滇生态屏障地区的农业生产者群体（主要为农业和农产品）、川滇地区城市群体和中东部地区群体三类（见图6-1）。

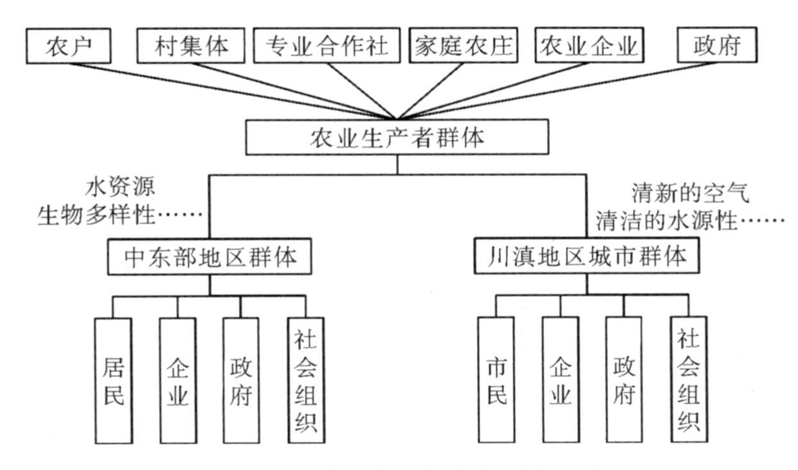

图 6-1　农业市场化生态补偿的利益相关者

（1）农业生产者群体

川滇生态屏障地区的农业生产者包括，采取生态保护措施从事农业生产的农户、村集体、农村专业合作社、家庭农庄和农业企业；进行生态保护与建设，促进区域生态服务与产品生产的政府机构。

农户在农业生态服务供给过程中，是最大的群体，同时也是弱势群体。在农业生产中，农户种植、维护的森林生态系统，为区内城市及中东部地区提供了水土保持、水源涵养等生态服务；农户在采用有机农业生产技术种植进行农业生产过程中，对减少面源污染、保持水源安全等方面，产生了生态价值，需要对其进行补偿。同时农户也是生态资源的消耗者。农村垃圾、生活污水、化肥农药的使用等是我国面源污染的主要构成部分，其危害程度甚至大于城市污染。从这个角度看，农户也应是生态补偿的付费者。

村集体在我国农业生产中扮演着重要角色，它是农村土地等集体资产的所有者，同时也在农业技术推广、农业产业规划与发展等方面发挥着重要作用。在农业生态服务提供过程中，村集体是有力的推动者；面对我国大市场与小生产的农业生产格局，村集体在市场化生态补偿过程中，同样可以发挥重要作用。

农村专业合作社是我国农业产业发展的新形式，它通过自愿合作的形式，将农民组织起来，发展农业产业，提升了农业产业的竞争力。目前川滇生态屏障地区的农村专业合作社，已经在林业、有机蔬菜、循环农业发展等方面带动了农业生态服务的生产。

家庭农庄是我国正在大力发展的农业经营模式，其规模不大，还没有家庭农场的主要特征，是介于农户自然组织与农场法人组织之间的一种组织形式。家庭农庄以经营种养业、生态旅游业为主，产品加工销售为辅，是一种土地、技术、资金等生产要素集约化经营的新型农业生产模式。家庭农庄是农业产业多元化发展的形式，也是生态服务与产品的主要提供者之一。

农业企业包括具有法人资格的农场、农产品加工企业、农产品仓储物流企业、农产品销售企业等。其中农场可以通过发展循环农业、有机农业等方式，为社会提供生态服务与产品；农产品加工、物流、销售企业，其本身不直接产生生态价值。

政府是当前生态服务的主要提供者，它主要通过直接组织生态环境建设项目、环境保护与治理项目，为社会提供生态服务。此外，政府还通过引导农业生产者参与生态价值的生产、提供技术支持等方式，参与农业生态服务供给。

（2）生态服务与产品消费者

川滇生态屏障地区农业生态服务与产品的消费者包括川滇生态屏障地区的城市群体和我国中东部地区群体两类。

川滇生态屏障地区的城市群体包括：城市市民、企业、社会组织和政府机构。该部分消费群体是川滇生态屏障地区农业生态价值的直接受益者，他们通过享受清新的空气、清洁的水源、安全洁净的生活环境等方式，享受农业生态服务。我国中东部地区的消费群体包括：该区域的所有居民、企业、社会组织和政府机构。由于川滇生态屏障地区生态屏障的地位，其产生的农业生态服务价值不仅惠及区域内部的城市地区，同样也为中东部地区提供水源涵养、气候调节、生物多样性保护等生态价值。

6.1.2 农业市场化生态补偿的主体

从上述分析可以看出，农业生产者既是农业生态服务的提供者，也是生态服务的消费者；川滇生态屏障地区的城市居民、企业、社会组织，均为生态服务的享受者；我国中东部地区的农村与城市居民、企业、社会组织、政府机构，也是川滇地区农业生态价值的受益者。

本书从补偿的合理性与补偿机制的可操作性出发，在川滇生态屏障地区农业生态补偿机制中，将生态补偿的接受主体确定为农业生产的规模化经营者，例如村集体、农村专业合作社带动的农户、家庭农场主、种养殖企业等；将生态补偿的支付主体确定为以川滇地区为主的城市农产品的消费者，包括个人消费者与企业、社会组织、政府等集体消费者（见表 6-1）。

表6-1 川滇生态屏障地区农业市场化生态补偿的主体

主体类型	补偿主体	职能
被补偿者	农村专业合作社	组织农民进行绿色有机农业生产、为农民提供技术支持、集中销售农产品、农业生态价值认证
	村集体	组织农民进行绿色有机农业生产、为农民提供技术支持、农业生态价值认证
	家庭农场主	绿色有机农业生产、销售农产品、农业生态价值认证
	种养殖企业	绿色有机农业生产、销售农产品、农业生态价值认证
补偿者	城市消费者	服务农产品消费者、农业生态服务受益者
	企业	服务农产品消费者、农业生态服务受益者
	社会组织	服务农产品消费者、农业生态服务受益者
	政府	服务农产品消费者、农业生态服务受益者； 提供农业生态服务，为农业生产者提供技术支持，对农业生态服务生产、认证、交易进行监督管理

6.1.3 农业市场化生态补偿的客体

生态补偿的客体应该为具有生态价值的生态服务或产品，由于生态服务本身不具备实体性，故不能直接交易。因此，本书将生态补偿的客体定义为生态补偿的标的物，包括具有正外部性的产品、在指标市场上进行交易的环境指标等。

农业生态系统的生态服务同样不具备实体性，不能在市场上进行交易，为了实现市场化生态补偿，本书将农业生产过程中农业生态系统的生态价值和农产品本身的价值，通过相应的综合指标进行核算，通过生态标识认证的形式，计入农产品价格，在农产品交易过程中，实现农业的生态补偿，即将在生产过程中产生正外部性的农产品作为补偿的客体。

6.2 农业市场化生态补偿的内容

6.2.1 生态补偿的内容

本书所指的生态补偿内容是为实现生态环境改善与可持续发展，而进行的一系列的支付行为，包括接受补偿和补偿两个方面。其中接受补偿的内容包括生态资源的保护行为、生态资源保护过程中丧失的发展机会成本和生态资源的节约行为；补偿的内容包括对生态资源的使用与消费和对生态环境的破坏。

对生态保护行为的补偿。对生态保护行为的补偿，也就是对该区域的生态建设进行补偿，即利用生态补偿资金进行生态保护项目建设，以实现该区域的生态保护目标。川滇生态屏障地区的划定，将该区域的生态保护上升为国家战略，保护该区域的生态系统不仅可以提供生态服务，还关系到国家的生态安全，因此对生态资源的保护行为进行补偿是必要和必需的。由于生态资源外部性的存在，该方面的补偿包括生态建设成本补偿与建设效益补偿两部分。

对生态保护机会成本的补偿。在川滇生态屏障地区进行大规模的生态保护，一方面需要当地政府与居民付出巨大的人力与财力成本，另一方面也让该区域丧失了很多发展机会，由此也导致了当地居民的贫困。要保障生态建设的可持续性，就需要对生态保护的机会成本进行补偿。该部分补偿应该在考虑生态效益的基础上，结合我国国民经济发展的进程，让该区域居民分享国家发展的成果。

对生态资源节约的补偿。对生态资源节约的补偿，主要从公平竞争与我国经济发展模式转变层面考虑，是对产业内部的补偿行为。即对同行业内单位资源消耗少的企业或单位进行补偿，对单位资源消耗多的企业或单位进行收费。通过该补偿措施可以淘汰落后产能，推动企业的技术改进与转型，促进我国资源节约型社会的建设。

生态资源使用付费。生态资源的使用付费是生态补偿的主要内容，是生态补偿的基本原则，是在生态资源有偿使用的前提下，对水电开发、矿产资源开发、水资源使用等行为付费。市场化生态补偿机制中的生态资源使用付费，主要是指对高生态资源使用的企业进行收费，并用于生态资源的恢复与建设。

生态资源消费付费。生态资源的消费付费，是指对广大消费者消费行为收取生态资源使用费，通过该项收费可以减少生态资源的使用与破坏，促进资源节约型社会的构建，是我国建设生态文明的必然选择。

生态环境破坏付费。减少经济社会发展过程中生态资源的破坏，是生态补偿的主要目标之一，相应的对生态环境破坏收费也应该成为生态补偿的主要内容。该内容主要包括对企业的排污行为、矿山开发中对森林等生态资源的破坏行为等收费，并采取相应措施，减少、抵消这些破坏行为的后果。

6.2.2 农业市场化生态补偿的内容

由于农业是该区域的主要产业，农业生态价值包括水土保持、空气净化、水源涵养、环境保护等。因此，结合生态补偿的内容，本书认为该区域生态补偿的内容应该是围绕农业对生态保护行为付费、对生态保护的机会成本付费和对生态资源使用付费。

6.3 本章小结

本章对生态补偿的主客体、补偿内容进行了探讨，并从补偿的合理性与补偿机制的可操作性出发，将川滇生态屏障地区生态补偿接受主体确定为农业生产的规模化经营者，例如村集体、农村专业合作社带动的农户、家庭农场主、种养殖企业等；将生态补偿的支付主体确定为以川滇地区为主的城市农产品的消费者，包括个人消费者与企业、社会组织、政府等集体消费者。

7 川滇生态屏障地区农业市场化生态补偿的制度设计

7.1 川滇生态屏障地区市场化生态补偿的法律体系

孔凡斌认为，生态补偿的法律法规体系，是指由立法机构制定、公布和由行政机构执行的关于自然资源保护、生态环境建设的，与生态补偿政策法律制度相关的规定，它是按照一定的标准和原则，划分不同的政策法律类型而形成的内部和谐一致、有机联系的整体。

本书结合上述定义，认为市场化生态补偿机制的政策法律体系应该包括：生态资源使用总量控制的法律法规、生态资源有偿使用的法律法规、生态保护与建设的法律法规和生态资源交易的法律法规四部分（见图 7-1）。

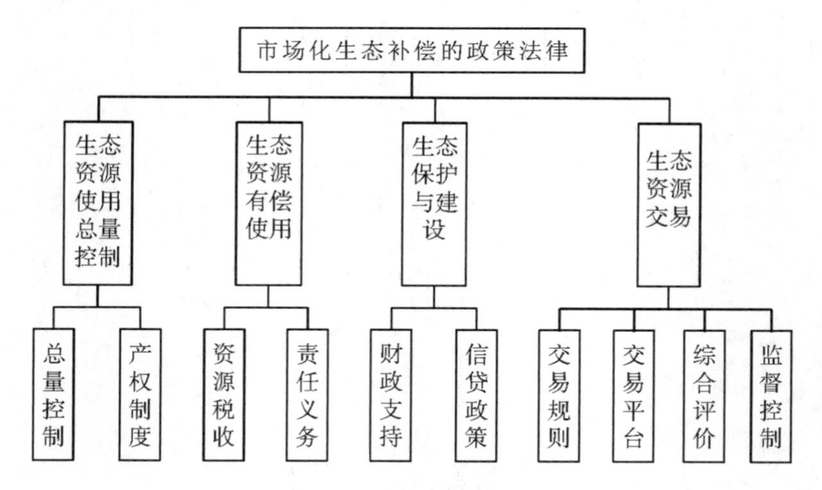

图 7-1　市场化生态补偿的政策法律体系

7.1.1 生态资源使用总量控制的法律法规

实施生态补偿的目的，是消除生态服务与产品生产过程中的正外部性，以减少社会对生态资源的消耗，保护生态环境，实现人类社会与自然环境的和谐发展，即生态资源使用的总量控制是生态补偿的目的之一。同时，要发挥市场对生态资源的配置作用，就必须以生态资源的有限性和产权的明确性为前提。因此，生态资源使用总量控制的法律法规，是市场化生态补偿政策法律的重要组成部分。生态资源使用总量控制的法律法规体系，应该包括生态资源使用的总量控制政策和生态资源的产权制度的相关法律两部分。

生态资源使用的总量控制政策应该包括，年度社会生态资源使用的总量控制指标和总量指标的分解等内容。通过总量控制指标的制定与实施，实现社会资源消耗的总量控制；通过总量指标的分解，明确生态补偿主体间的责任与义务。

生态资源的产权制度应该包括，生态资源产权划分的方法措施、产权保护规则等内容。通过对产权划分，明确生态资源的归属，保障生态资源拥有者的权利，为市场化生态补偿奠定基础。

7.1.2 生态资源有偿使用的法律法规

尽管我国的环境保护法、矿产资源法等法律法规，对生态资源的有偿使用进行了一些规定，但是目前我国尚无系统、全面的相关法律，不能真正实现生态资源的有偿使用。党的十八大报告也要求，“建立反映市场供求和资源稀缺程度、体现生态价值和代际补偿的资源有偿使用制度”。从市场化生态补偿的要求出发，结合国外相关经验，应该建立包括生态资源使用税收制度、生态资源使用与恢复制度等相关法律法规，以明确生态资源使用中的责任与义务，为农业市场化生态补偿提供依据。

7.1.3 生态保护与建设的法律法规

生态保护与建设，是进行生态补偿的目标之一，为保障该目标的顺利实现，就需要建立、健全生态保护与建设的相关法律法规。生态保护与建设的相关法律法规应该包括，促进生态保护与建设的财政政策、信贷政策等内容。利用财政扶持、信贷支持等方式，提升社会参与生态保护与建设的积极性，进而形成全社会参与环境保护的氛围，促进生态产品与服务市场化生态补偿的实现。

7.1.4 生态资源交易的法律法规

生态资源交易的相关法律法规，是市场化生态补偿法律法规建设的核心内容。它包括生态价值综合评价、交易规则与交易平台、监督监控的相关政策法律。

生态价值综合评价的相关法律法规，包括综合生态价值核算的方法学、生态价值评价的制度规范等内容。由于生态产品与服务表现形式的多样性，要建立生态补偿的市场化交易机制，就要求不同的生态价值可以用统一的指标进行折算，并最终以货币形式表现出来，作为市场交易的基础。同时，综合生态指标的核算关系到生态补偿的额度，进而影响生态补偿实施的效果，因此必须建立与之相适应的评价规则。

交易规则与交易平台相关的法律法规，包括生态资源与生态指标交易的相关政策、交易平台建设规范等内容。它通过立法形式规范生态补偿的市场行为，保障生态补偿的顺利实施。

监督监控相关法律法规，是指生态服务与产品生产、认证、交易中的监督与管理规范。在市场化生态补偿过程中，参照国外各类生态补偿的经验建立相关的监督管理法律体系，是生态服务生产与补偿的重要保障。

7.2 川滇生态屏障地区农业市场化生态补偿的基本框架

通过对生态补偿相关文献资料的整理与研究，吸收国内外相关生态补偿案例的经验，本书结合川滇生态屏障地区生态建设与补偿的实际，构建了川滇生态屏障地区市场化生态补偿的基本框架，并对补偿过程中主体的职能进行了分析。

7.2.1 农业市场化生态补偿的基本框架设计

本书对川滇生态屏障地区市场化生态补偿框架的设计，包括决策制定、补偿实施、生态保护与建设等 6 个方面；决策体系（A 部分）、市场化补偿的补偿体系（B 部分）和生态保护与建设体系（C 部分）3 个子系统（见图 7-2）。

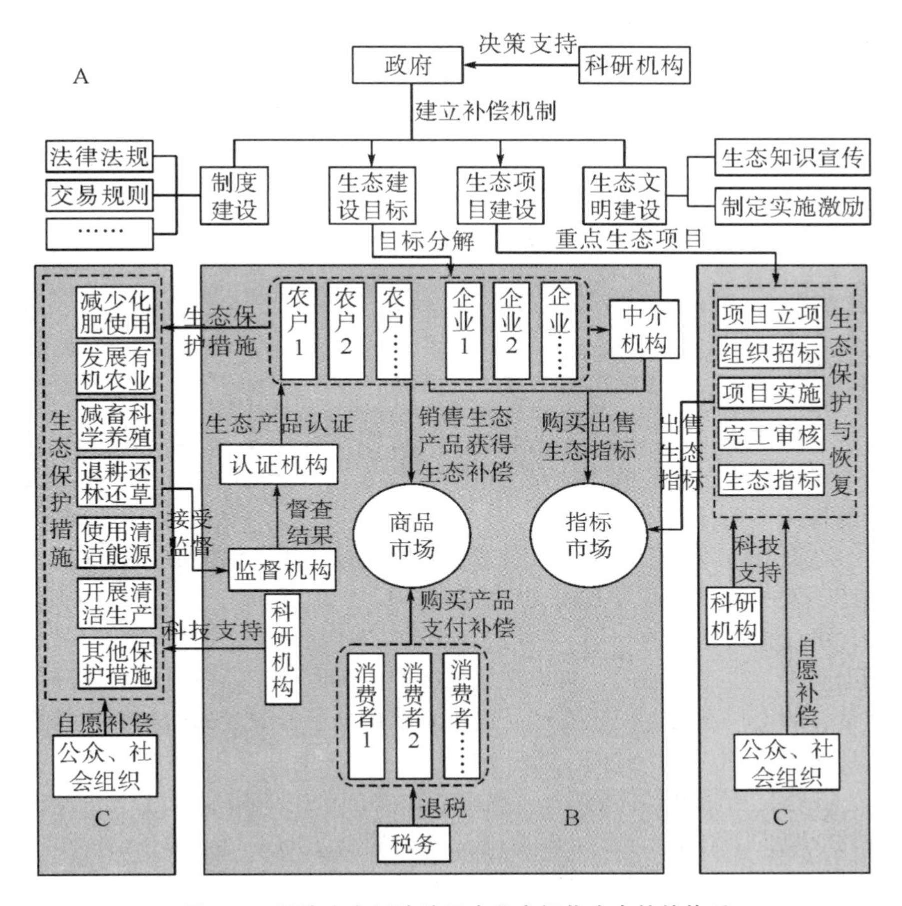

图 7-2 川滇生态屏障地区农业市场化生态补偿体系

（1）决策体系

提供生态服务是政府的责任之一，市场化生态补偿的实施也开始于政府的决策。本书从制度建设、生态建设目标的制定、生态保护项目规划与建设和生态文明建设四个方面，对市场化生态补偿的决策体系进行了设计。

制度建设是生态补偿的前提，是政府的主要职能之一，市场化生态补偿的制度建设包括法律法规建设、生态指标交易规则的制定、生态保护与恢复的财政信贷政策的建立等内容。政府通过建立、完善生态环境保护条例、生态保护法、税法等有关生态资源有偿使用的相关法律法规，为生态补偿提供保障。

生态建设目标包括生态资源使用、保护与恢复等各项计划。本书从生态补偿市场化的角度，将生态资源目标转化为相应的生态指标，并通过制定生态资源有偿使用的规则，对各社会部门进行评估，实施生态认证，将生态指标与企业生产的产品结合，进行目标分解。

生态保护项目规划与建设是指政府根据调研的需要，在重点地区组织实施重大生态保护与恢复工程的决策。由于关系到地区甚至国家层面的生态保护与恢复工程，不可能由社会组织单独完成，需要政府的统一规划与协调，因此实施大型生态保护工程，也是政府决策的主要内容之一。

生态文明建设是生态补偿的重要保障，包括生态知识的宣传、相应的激励制度的制定与实施等方面。

（2）补偿体系

补偿体系是在政府决策的基础上运行的补偿实现体系，该体系包括消费者进行生态产品购买的商品市场补偿体系和企业间进行生态指标交易的指标市场补偿体系两部分。

在商品市场补偿体系中，企业或农户通过使用清洁能源、开展清洁生产、发展有机农业等方式实施生态保护，经监督机构与认证机构确认后，可以根据相应的规则，获得相应的生态产品认证，消费者在商品市场上购买了生态产品后，可根据认证级别申请退税，退税措施可以降低消费者的支付额度，使生态产品提供者获得高于普通产品的利润，从而实现从消费者到生产者的生态补偿。

在指标市场补偿体系中，企业在采取相应的措施降低了生态资源的消耗或减少了对生态资源的破坏后，可以将剩余的生态指标在指标市场上进行销售（如排污权交易），从而实现了行业间和行业内部企业间的生态补偿。

（3）生态保护与建设体系

生态保护与建设体系包括生态保护措施和生态项目建设两部分。

在生态保护措施方面，第一，由于存在生态产品的认证，企业为获得更高的利润，必然会积极采取相应的技术改进，降低对生态资源的消耗，保护生态环境。第二，节约的生态指标可以在指标市场上销售，使生态保护行为直接为企业带来效益，从而推动其进行转型。

在生态项目建设方面，政府通过确立保护项目、进行项目招标、组织项目实施和核算项目的生态指标等活动，既为社会提供了生态服务与生态资源，又将该方面的建设成本转化为生态指标。通过在指标市场上出售生态建设项目的生态指标，可以实现该类项目的生态补偿，从而使生态保护与建设项目得到有效的资金保障，形成可持续的生态资源使用制度。

（4）市场化生态补偿的监督机制

市场化生态补偿体系的监督机制，主要包括对生态建设的监督、对生态补偿过程的监督等方面。其中对企业和农户在生态保护中的监督，主要体现在经审核批准的监督机构，对执行情况的过程控制与监督，对生态产品认证过程的监督；对生态建设项目的监督，包括对招标过程中的资质审核、项目实施过程控制与审核的监督；对补偿过程的监督，包括对生态产品贸易和生态指标交易行为的监督等方面。通过监督机制的实施，保障生态补偿的实现，同时调整政策与制度规范，不断完善补偿机制。

（5）市场化生态补偿的技术支持

川滇生态屏障地区市场化生态补偿机制的技术支持包括决策支持、科技服务支持两个方面。决策支持主要体现在在决策体系中，科研机构可以从制度的制定、可行性评估、目标的确立与分解等方面为政府提供支持。科技服务支持主要体现在补偿过程中的生态指标评估、生态保护中的技术指导和生态项目建设过程中的技术服务等方面。

（6）市场化生态补偿机制的拓展

本书对川滇生态屏障地区市场化生态补偿机制的扩展设计，主要包括补偿资金来源的扩展、补偿内容的扩展、补偿主体的扩展、补偿方式的扩展和该机制与其他补偿方式的融合五个方面。

首先，对于补偿资金、补偿主体和内容方面，在生态保护过程和生态建设过程中，该体系可以通过吸收社会捐赠资金、单位自主建设项目，扩展生态建设资金的渠道、生态补偿的主体和生态补偿的内容。其次在补偿方式方面，该体系参照美国湿地银行的操作模式，其生态指标的交易过程可以通过中介机构进行，由此可以在生态补偿的时间、地点、金额方面获得更多的灵活性，从而扩展了补偿方式。最后，该体系可以通过激励措施、生态建设项目等方面，与政府补偿、非政府组织补偿等补偿方式对接。

7.2.2 农业市场化生态补偿中主体的职能

川滇生态屏障地区市场化生态补偿机制的构建中，参与补偿的主体包括政府、社区、农牧民、生态保护区、农业企业与环保企业、消费者、生态资源使用企业、科研机构、中介机构、公众媒体。由于各参与主体不同的角色与利益，其在生态补偿过程中发挥着不同的职能作用（见表7-1）。

表 7-1　川滇生态屏障地区农业市场化生态补偿体系中各补偿主体的职能

序号	补偿主体	角色	主要职能
1	政府	管理者、补偿者、被补偿者	制定相应的法律规范、补偿措施；组织生态补偿实施；接受、支付补偿费用；组织生态保护及补偿的宣传；制定实施生态保护与补偿的鼓励措施
2	社区	管理者、被补偿者	推动区域内生态资源的保护，提供生态资源；接受生态补偿
3	农牧民	被补偿者	提供生态资源；接受生态补偿
4	生态保护区	被补偿者、补偿者	提供生态资源；接受生态补偿；对受损居民进行补偿
5	农业企业与环保企业	补偿者、被补偿者	提供生态服务、消耗生态资源；接受、支付生态补偿
6	消费者	补偿者、监督者	支付补偿费用；监督生态保护及生态补偿的实施
7	生态资源使用企业	补偿者	支付补偿费用；进行生态恢复与保护
8	中介机构	服务者	为被补偿者、补偿者提供支持
9	科研机构	服务者	提供政策建议、技术支持与服务
10	公众媒体	监督、宣传	监督补偿的实施；进行生态保护宣传

农牧民是市场化生态补偿的首要接受者。一方面，生态补偿的目标是实现可持续发展，这就要保障农牧民的发展权，要对农牧民进行补偿；另一方面，农牧民是川滇生态屏障地区最大的生态保护群体，是生态服务的最大提供者，因此，农牧民应该成为补偿体系最大的受益者。

消费者与生态资源使用企业是主要补偿者。人类消费的任何产品都来自于大自然，都消耗了生态资源，因此消费者应该成为生态补偿的最终支付者，也是最大的生态补偿主体。此外，川滇地区是我国资源密集的区域，长期以来我国在该区域建设了一批生态资源使用企业，如水电厂、煤矿厂、汞矿厂、钢铁厂等。这些企业在为国家的经济发展做出巨大贡献的同时，也消耗了大量的资源，对环境造成了很大的破坏。按照"谁破坏、谁恢复"的原则，该类企业应该成为生态补偿的另一个主体。

政府在市场化生态补偿中起决定性的作用。政府在市场化生态补偿中的作用表现在法律法规的制定、宣传引导和直接参与补偿三个方面。

首先，由于生态服务具有公共产品等一系列特性，不能通过市场进行生态资源的配置，必须由政府制定法律法规、明确产权、设置交易规则，才能发挥市场的作用，保障生态资源有效配置与利用。其次，市场化生态补偿的顺利实施必须以较高的生态文明为基础，建设生态文明需要政府的宣传与引导。最后，政府是生态资源的拥有者，也是生态服务的购买者，因此市场化生态补偿机制下，同样需要政府直接参与生态补偿，接受或支付补偿费用。

生态保护区、农业企业和环保企业具有多面性。我国政府在川滇地区规划实施了众多的生态保护区，这些保护区在提供水土保持、生物多样性保护、涵养水源等生态服务的同时，也损害了当地居民的利益，尤其是损害了当地居民利用资源寻求发展的权利。因此，生态保护区在实施生态补偿的过程中，既应该得到补偿，同时也应该支付补偿费用。农业企业和环保企业是生态服务的提供者，同时也消耗生态资源，如养殖企业的水资源使用与污水排放、多晶硅生产企业的高能耗等都需要根据具体情况，区分其生态消费与产出，进而进行补偿或收费。

社区应该在生态补偿中扮演重要角色。国外现有案例如墨西哥的生态补偿，证明社区可以在生态补偿中发挥重要作用。我国农村土地等资源的集体所有制与墨西哥社区所有的形式有很多相似之处，在生态补偿过程中借鉴其经验，实现以村（社区）为单位的补偿，可以使补偿过程更具操作性。

中介机构、科研机构和公众媒体是生态补偿顺利实现的有力保障。市场化生态补偿体系中的中介机构包括生态产品与生态标志的认证机构、生态补偿的代理机构、独立监督机构等。国外市场化生态补偿的经验证明，中介机构可以促进生态补偿的顺利实施，如美国的湿地银行、碳汇贸易补偿中的碳基金、德国有机农业的监督机构都在补偿过程起了至关重要的作用。科研机构是生态补偿的有力保障之一，其可以从政策研究、技术服务、效果评估、方法学开发等方面为生态补偿提供支持。公众媒体同样是生态补偿过程中不可缺少的主体，它可以从宣传生态文明建设、补偿行为监督等方面，保障生态补偿目标的实现。

7.3　川滇生态屏障地区农业市场化生态补偿的模式设计

本书围绕该区的主要产业——农业，将农产品生产体系、食品安全体系、生态建设体系、生态文明建设体系和生态补偿体系相结合，对川滇生态屏障地区农业市场化生态补偿机制的基本模式进行了设计（见图

7-3)，通过设计农产品的生产、物流、销售体系，对农业生产的生态价值进行补偿。

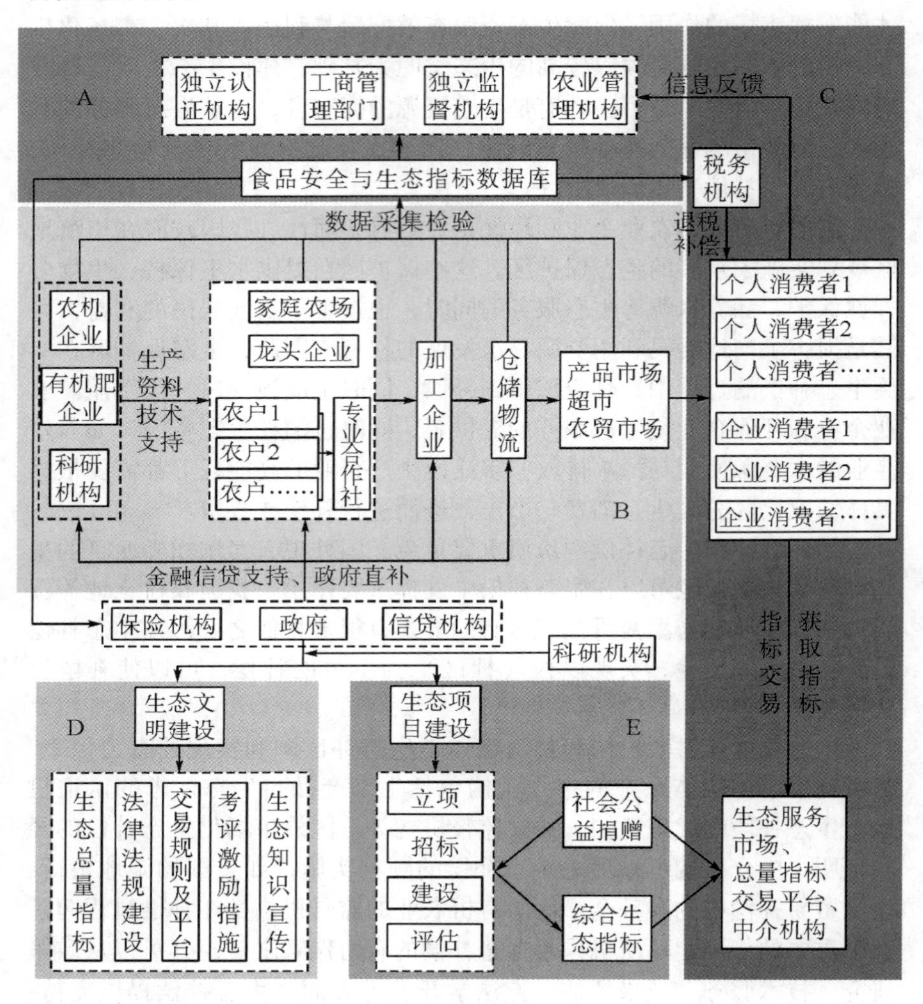

图 7-3 川滇生态屏障地区农业市场化补偿机制的基本模式

7.3.1 农业市场化生态补偿的体系结构

7.3.1.1 农产品生产体系

随着我国农业产业化的发展，尤其是近年来，国家连续出台中央一号文件，大力发展现代农业，川滇生态屏障地区的农业产业链已经基本完善，农产品种养殖、加工和物流体系已经初步形成，可以作为农业生态补偿的基础。首先，根据农业生产体系中不同环节，可以对生态价值的增加进行核算，这是生态补偿的基础。其次，对农产品生产、物流、销售过程进行监督与控制，可以保障生态补偿实施的效果。最后，农产品生产体系同样是农业生态体系的一部分，需要进行维护与补偿。

从农业生态价值的视角看，农业生产过程包括：农业生产资料生产过程、种植过程、农产品加工过程、仓储物流过程和销售过程五部分。农业生态价值的产生，在上述五个部分中以不同的形式存在，并最终附加到农产品中。

在生产资料生产过程中生态价值的增加包括：农机具生产中的新工艺、新材料引进所产生的资源与能源的节约；有机肥的生产带来的生态环境效益；科研机构良种研发、种养殖技术改进带来的资源节约所产生的生态效益。

在种养殖过程中生态价值的增加包括：循环农业所产生的生态与环境效益，如“猪（鱼）—沼—菜（果）”的循环模式所减少的温室气体及污染物排放等；设施农业所产生的资源节约，如微（滴）灌技术应用节约的水资源，温室技术所带来的单位土地面积增收等；林业产业所带来的生态效益，如生态林建设产生的生物多样性效益和水土保持效益等；养殖业带来的生态效益，如快速育肥技术节约的草场资源，减畜、禁牧后保护的草原等；此外，农产品种养殖过程中，农业生态系统的生态价值，也是农产品生态价值的一部分。

在农产品加工过程中所产生的生态价值，主要指农产品加工过程中新能源与新技术使用带来的生态效益；农产品仓储物流与销售环节所产生的生态价值，主要是通过加强管理、引进新技术所产生的资源节约，如冷链物流体系的建设减少的损失等。

可见，农业生产不仅在种养殖过程中可以产生生态效益，在加工物流等各个环节都存在生态效益，这些生态效益需要进行补偿。同时，不同的环节具有不同的特点，生态补偿过程中，需要考虑各个环节的具体特点。

7.3.1.2 食品安全体系

食品安全是指食品对消费者健康不造成任何慢性或急性危害。发达国家或地区，如欧盟、美国都有完善的食品安全体系，我国的食品安全体系正处于建设起步阶段。食品安全体系通过制定、完善相关的法律法规，建立严格的监控体系，进行严格的管制，保障食品供给的质量。其中，质量可追溯系统就是食品安全的重要工具，它通过对食品的加工、仓储、物流、销售的全过程的产品质量进行检验，并建立数据库，对问题产品进行追究，从而实现食品安全。

生态补偿过程中，生态价值的核算、生态补偿效果的监督同样需要对生态效益产品生产的全过程进行监督。本书利用食品安全平台，建立生态补偿的监督体系，对补偿效果进行监督，从而实现成本节约和有效监督，增加补偿机制的可行性。

7.3.1.3　生态建设体系

在生态补偿过程中，有些大型生态建设项目也属于农业范畴，如三北防护林建设，这些项目不可能完全通过农业企业自发行为实现。本书对该类项目建设提出了，政府招标、企业建设、独立机构进行评估，最终根据相关评价方法核算为生态指标，并在交易平台中进行销售的方式进行补偿。同时，社会公众、公益组织也可以通过捐款等方式，参与生态建设与补偿。

7.3.1.4　生态文明建设体系

生态文明建设体系是生态补偿机制实施的前提与保障，本书从生态补偿角度出发，认为生态文明建设体系的内容应该包括：生态资源使用总量控制指标的制定、法律法规建设、生态指标交易规则及平台建设、考评与激励措施和生态知识的宣传教育五部分。

生态资源使用总量控制指标的制定，是指国家相关部门通过对我国生态资源的评价，考察我国的生态总承载力，制定生态资源使用的总目标，并将目标进行逐级分解，直至消费者、企业等单个的经济单元，从而明确生态保护中各社会单位的责任。

法律法规建设，是指政府根据生态保护与补偿的需要，制定、实施相应的制度规范，从而明确生态资源的产权、生态保护建设的责任，为生态补偿提供依据。例如，我国的环境保护法规、林地确权、土地确权颁证等相关制度。

生态指标交易规则及平台建设，是生态补偿的重要工具，也是生态文明建设的重要内容。目前，我国正在试点的水权交易平台、排污权交易平台以及碳汇交易所等机构，都属于该范畴。通过在交易平台上进行交易而实现的生态补偿，不仅可以反映资源的稀缺性，而且可以反映供求关系，这也是市场化生态补偿的优势。

考评与激励措施、生态知识的宣传教育，是生态补偿顺利实施的前提和保障。只有通过严格的考评与激励，才能实现生态补偿的健康发展；只有全社会生态意识提高，才能真正实现生态补偿，实现生态资源的节约与有效利用。

7.3.1.5　生态补偿体系

生态补偿体系是农业市场化生态补偿模式设计的核心，其通过与上述四个部分相互结合实现对农业生态价值的补偿。本书对农业市场化生态补偿体系的设计包括生态产品标识认证、生态指标交易、政策补偿和中介机构四部分。

（1）生态产品标识认证

本书在对川滇生态屏障地区农业生态补偿机制的设计中，通过引导消费者购买具有生态标识的农产品，从而使农产品生产者获得超额利润，进而实现对农产品生态效益的补偿，这是补偿实现的主要形式。该方式通过消费者的购买和农业产业体系内部的竞争两个过程实现。

消费者的购买行为，是通过农产品的生态标识实现农业生态补偿的关键，这种行为受生态意识的制约。要提高消费者对生态保护的认知，使其自愿购买生态产品，必须对其进行生态教育，以增强全民生态保护意识。同时，在我国国民生态意识较为薄弱的前提下，通过财政、税收等方式，鼓励消费者购买通过生态认证的农产品，也是必要的手段。本书设计对消费者购买行为的激励采用生态退税的方式实现，建立生态认证标准，并结合食品安全体系建立生态产品可追溯系统，并对消费者的购买行为进行退税，以引导消费者的购买行为，实现生态补偿。

对于补偿资金在农业生产过程中的种养殖、加工物流、销售等环节的分配，本书设计通过市场竞争实现。由于农业生产过程中，各个环节的供给者与消费者数量均较多，且市场进入成本相对较低，因此可以将其看作完全竞争市场，通过市场竞争，可以实现补偿资金在不同环节的分配。

（2）生态指标交易

生态指标交易是本书对农业生态补偿设计的另一种补偿形式。第一，政府及科研机构根据我国生态资源总量约束情况，制定相应的生态指标，逐级分配到生态产品及服务的使用者，并制定指标的交易规则，建立生态指标交易平台。第二，生态指标的使用者可以通过交易平台，将由于技术改进等措施节约的指标进行交易，从而实现生态资源的有偿使用。

在该方式中，生态服务的使用者购买的农产品，可以根据生态标识的级别，计入其生态指标的购买。同时，对于独立建设的大型生态补偿项目，也可以通过指标交易的方式获得建设资金，实现社会补偿。社会公众、公益组织等也可以通过购买生态指标的形式，实现其社会责任，对生态建设进行补偿。

鉴于生态产品与服务表现形式的多样性，本书从市场化生态补偿的可行性出发，对不同的生态价值采用统一的指标进行折算，并最终以货币形式表现出来，作为市场交易的基础。

假设 x_1 为某年可提供的水资源量，x_2 为可提供的碳汇量，x_3 为可提供的水土保持量，x_4 为可净化的空气量……则向量 $X=(x_1, x_2, x_3, x_4, \cdots, x_n)$，即为我国生态资源的总价值。若我国某年产生的水资源量为 y_1，碳汇量为 y_2，水土保持量为 y_3，空气净化量为 y_4，则向量 $Y=(y_1, y_2, y_3, y_4, \cdots, y_n)$，即为年生态资源的增加量。向量 $Z=X+Y$，即为我国该年的生态资源约束量。假设我国每年生态资源的消耗量为 $L=(l_1, l_2, l_3, l_4, \cdots, l_n)$，若 $L>Z$，则生态资源被过度消耗，经济与社会发展不可持续；若 $L \leqslant Z$，则生态资源的消耗处于合理状态，经济与社会发展是可持续的。

由于不同的生态资源形式不同，为了实现经济与社会的可持续发展，就必须对生态资源消耗的总量进行控制，通过一定的制度安排，实现市场对生态资源的配置，即市场化生态补偿，就需要对不同的生态资源量进行转换，并形成统一的、可比较的指标，从而核算其价值，进而实现交易，也就是建立生态价值的综合指标体系。

假设向量 $P=(p_1, p_2, p_3, p_4, \cdots, p_n)^T$ 为生态资源的指标体系，则我国该年可消耗的生态资源的总指数为 $\pi=Z \cdot P$。当个人或组织所消耗的生态资源超过其所获得的额定总量时，就需要在生态市场上购买包括农产品在内的生态价值产品，从而抵消其生态资源的使用量。在生态价值产品的购买过程中，生态价值综合指标作为生态价值的统一指标，是购买（补偿）数量的核算单位。

（3）政策补偿

由于生态价值的外部性以及农业生态价值的特殊性，尽管通过一定的制度安排，可以实现生态资源的市场配置，但是仅凭市场的力量，仍然不能完全保证生态补偿的合理性，还需要通过政策补偿弥补市场补偿的不足。本书对政策补偿的设计主要包括：农业保险的扶持、金融信贷的支持和政府直接补偿三部分。

（4）中介机构

从国内外市场化生态补偿的经验看，中介机构在促进生态指标交易、加强生态效果监控等方面，都发挥着不可或缺的重要作用。如，碳汇贸易过程中，碳金融机构代理碳汇购买者进行的碳汇交易和履约审核；湿地银行补偿中，湿地银行对湿地保护效果的认定等。本书从生态补偿的灵活性与可行性出发，在生态服务市场设计中考虑了中介机构的作用，拟通过中介机构促进农业市场化生态补偿的实现。

7.3.2 农业市场化生态补偿的实现

农业市场化生态补偿的实现方式包括：通过鼓励消费者购买具有生

态标识的产品，使生产者获得超额利润；通过进行生态指标交易，实现受益者付费；通过财政、信贷政策优惠，提升农业生产企业的竞争力；通过政府直接补贴，增加企业的生态产品与服务的生产能力。

（1）生态标识

通过生态认证，让农业生产者获得超额利润，是农业生态补偿的主要方式。德国有机农业的成功经验，为农业市场化生态补偿提供了经验借鉴。在我国消费者生态意识较为淡薄的前提下，通过进行生态教育，实行退税、奖励等激励措施，鼓励消费者购买具有生态产品标识的农产品，可以实现农业生产的市场化生态补偿；根据农业生产所产生的生态价值，给予不同级别的生态标识，并根据生态标识对消费者的购买行为进行激励，可以促进对农业生产生态价值补偿的实现。

例如，某农业生产企业通过发展循环农业，生产产品 A，同时产生了生态效益，则该企业可以根据核算的生态效益额，申请相应的生态标识。当消费者购买产品 A 后，根据生态标识的级别，即产品 A 生产过程中产生的生态价值量，可以获得退税补偿，从而实现了间接的生态补偿。这种补偿通过产品 A 销售量的增加和销售价格的提高两个方面实现。

一方面，退税补偿的存在使消费者在购买生态产品时（生态资源节约或生态保护企业所生产的产品），其实际价格低于普通产品价格，从而增加了生态产品的销售量，间接地给生产企业带来了补偿。如图 7-4 所示，D 为需求曲线，S 为供给曲线，当达到市场均衡时，均衡价格为 P_1，需求量为 Q_1。当产品被认定为生态产品时，由于存在退税，其实际价格降至 P_2，此时需求量为 Q_2。此时，生态产品获得了市场补偿，区域 A 即为生态补偿额。另一方面，产品 A 在出售过程中，其价格高于普通商品的价格，从而为生态价值的生产带来了补偿。

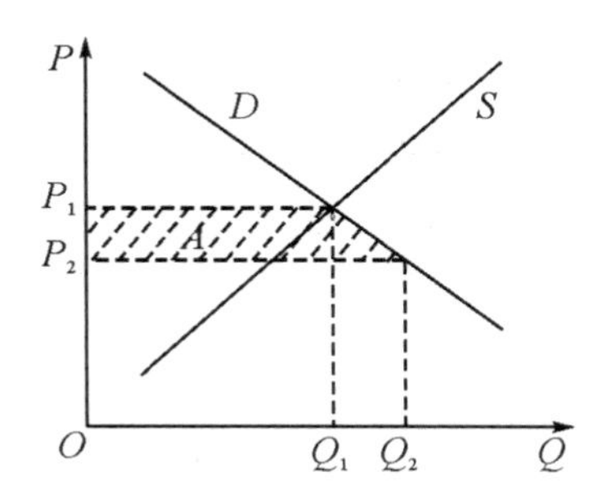

图 7-4　生态补偿的额度

（2）生态指标交易

生态指标交易是通过生态资源使用总量控制，促进农业生产和生态项目建设的有效方式。在生态资源总量控制下，通过对个人、企业、组织等的生态指标使用量进行分配，并建立生态指标交易平台，在不同生态资源使用者之间进行指标交易，可以促使其购买农产品等生态产品，从而实现责任与利益对等的生态补偿。

（3）政策补偿

财政和信贷政策是宏观调控的重要工具，该工具同样可以应用于市场化的生态补偿过程中。目前，我国农业生产中的贷款问题，已经成为制约其发展的重要原因。将生态价值引入金融体系中，通过认证、抵押等方式，对农业生产企业进行财政、信贷扶持，可以提高农业企业的竞争力，促进其发展，从而提供更多的农产品与生态价值。

（4）政府直接补偿

市场化生态补偿中，同样需要政府直接补偿。市场经济体系下，政府对经济的干预，主要通过宏观调控的形式进行，但是在特定情况下，同样需要政府对市场的直接干预。由于农业生产的生态价值具有外部性，尽管在一定的制度安排下，可以通过市场实现对其生态价值的支付，但是由于生态价值的确定、核算等障碍，仅仅通过市场仍然无法体现其全部生态价值，需要政府进行直接补偿。在市场化生态补偿前提下，政府对农产品生态价值的直接补偿，必须以合理性、公平性为前提，即支付必须有明确的依据，补偿行为不应该影响正常的市场竞争。

（5）政府在农业市场化生态补偿中的作用

市场在资源配置中起主导作用，并不是不需要政府的参与。生态资源作为公共产品，在利用市场机制，实现生态补偿的过程中，更需要政府的参与。政府在农业市场化生态补偿过程中的作用，主要表现在市场创造、激励引导、监督管理、直接干预等方面。

市场创造是政府在农业市场化生态补偿中的首要职能。由于外部性的存在，在生态资源的配置过程中会出现市场失灵，生态价值不能直接在生态价值产品交易中得到体现。这就需要政府通过一定的制度安排，明确产权与责任，建立交易平台，创造生态价值市场，从而实现生态价值的市场补偿。

以四川省南部县嘉陵江两岸生猪养殖为例，南部县部分乡镇位于嘉陵江中游、长江上游，在这些乡镇发展生猪养殖产业，必然会影响嘉陵江乃至长江水质。如果不采取任何措施，当地居民出于经济发展的需要，必然会大规模发展生猪养殖产业，并将废水直接排入嘉陵江，从而使下游居民受到影响，而当地经济得到发展。清洁的水源这一生态资源，不能得到保护。目前，国家从保护长江水质出发，通过行政命令，在嘉陵江沿岸禁止发展养殖业，但是这个行政命令制约了南部县作为国家级贫困县的发展进程。通过引进循环农业技术、沼气发电技术，建设污水处理设施等措施，既可以杜绝生猪养殖对长江的污染，又可以发展当地经济，从而使生产出的生猪产品与社会平均水平相比，具有了生态价值。但是这种生态价值，同样不能通过市场获得收益。只有通过制度安排，明确了长江流域的组织或个人对水资源保护的责任与权力，并进行考核和监督，才能创造市场需求，促使水源使用者购买通过生态养殖技术生产的生猪产品。

激励和引导是政府在农业市场化生态补偿过程中发挥作用的主要方式。市场经济条件下，企业是市场的主体，竞争是实现市场均衡的途径，政府主要通过政策引导实现相应的市场目标，农业生态补偿过程中，同样需要政府的政策引导。与普通产品相比，具有生态效益的农产品要在市场上实现包括生态价值在内的全部价值，需要全社会的参与和较高的生态文明程度，这就要求政府完善相关法律法规，加大宣传力度，对通过生态认证的农产品购买行为进行奖励，从而引导消费者了解生态补偿，并主动参与到补偿中。这种激励与引导主要通过财政扶持、税收政策、信贷支持和舆论宣传等方式实现。

监督管理是政府在市场经济中的主要职能之一。在农业市场化生态补偿过程中，其补偿过程主要通过市场实现，这就要求政府充分发挥对市场的监督与管理职能，对农产品生态认证过程、农产品交易过程进行管理，打击违法行为，保护经营者权利，维护市场的公平竞争；同时也要对农业生产过程（生态价值的生产过程）、生态保护措施进行管理，确保生态建设的效果。

尽管农业市场化生态补偿过程主要通过农产品的供给者与需求者在市场上竞价，实现生态补偿。但是生态产品与服务的外部性，使市场在生态资源配置中存在失灵，即使通过一定的制度安排实现了市场化生态补偿，也同样需要政府的直接干预，以确保生态补偿的合理性与农产品（生态服务）供给的数量与质量。例如，当补偿额度严重不足时，技术条件限制农产品进入生态补偿市场时，生态补偿的市场机制出现失灵时，都需要政府的直接干预。

7.4 本章小结

本章对川滇生态屏障地区市场化生态补偿机制构建的原则、目标和思路进行了分析，并进一步对农业生态补偿的法律法规体系、川滇生态屏障地区市场化生态补偿的框架及农业生态补偿的模式进行了设计，最后分析了政府在农业市场化生态补偿中的作用。

分析认为，市场化生态补偿机制的政策法律体系应该包括：生态资源使用总量控制的法律法规、生态资源有偿使用的法律法规、生态保护与建设的法律法规和生态资源交易的法律法规四部分；该区域市场化生态补偿机制的基本框架应该包括：决策制定、补偿实施、生态保护与建设等方面；川滇生态屏障地区农业市场化生态补偿机制的构建，应该考虑该区域农业生产的特点，并结合农产品生产体系、食品安全体系、生态建设体系、生态文明建设体系和生态补偿体系进行设计；市场化生态补偿的方式包括：生态标准补偿、政策补偿、政府直接补偿三种形式，中介机构应该在农业市场化生态补偿中发挥重要作用；政府在农业市场化生态补偿中的作用有市场创造、激励引导、监督管理和直接补偿。

8 川滇生态屏障地区农业市场化生态补偿的额度

8.1 农业市场化生态补偿额度

生态补偿额度的确定是生态补偿的重要内容，是补偿行为得以实施的关键。本书对生态补偿额度确定的方法进行了分析，并结合实际条件，设计了川滇生态屏障地区农业市场化生态补偿额度确定的方法。

8.1.1 补偿额度的确定

8.1.1.1 生态补偿额度确定的方法

国内外对补偿额度确定的研究较多，归纳起来，确定补偿额度的标准包括生态价值标准、生态建设成本标准、生态环境损失标准、支付意愿标准和市场定价标准五类。

（1）生态价值标准

按照生态价值标准确定补偿额度，也就是根据生态保护与建设项目的生态价值，确定该项目接受补偿的额度，该类方法中生态价值的核算方法是核心。该方法一般先对生态服务进行评价，从而确定是否需要补偿，进而评估需要补偿的生态价值，从而确定补偿额度。碳汇贸易补偿就是根据碳汇的生态价值确定指导价格，进而通过市场竞价，确定补偿额度。对生态服务的评估方法包括物质量法和价值量法两类。

物质量法是通过计算生态价值的物质量，考察物质量随时间的推移是否减少，从而判定生态系统是否处于理想状态。假定 t 时间系统存在 n 种生态服务 $Q_1(t)$，$Q_2(t)$，$Q_i(t)$，…，$Q_n(t)$，则总服务量为 $Q(t)=\sum_{k=1}^{n} Q_i(t)$ 。若 $Q(t+\Delta t) \geqslant Q(t)$ ，则表明该生态服务系统处于稳定状态，不需要进行干预。物质量法能较好地反映系统的生态过程，其对生态价值的判定，在生态系统的可持续性考察方面具有优势。

价值量法是通过考察生态服务的价值，从而考察生态服务的状态。

仍然假定 t 时间系统中存在 n 种生态服务，向量 $P(t)=(P_1(t),P_2(t),P_i(t),\cdots,P_n(t))$ 为该时期的生态服务价格，则该时期的生态服务价值为 $W(t)=\sum_{k=1}^{n}Q_i(t)P_i(t)$ 。同样地，若 $W(t+\Delta t)\geqslant W(t)$ ，则表示生态系统处于理想状态。该方法能够反映生态资源的稀缺性，对生态服务的市场化具有指导意义。

价值量法核算生态价值的基本方法包括能值法、市场价值法、影子价格法、替代工程法、机会成本法、避免成本法、享受价格法、旅行成本法、人力资本法、疾病成本法、当量因子法等。

(2) 生态建设成本标准

使用生态建设的成本作为生态补偿额度确定的标准，是目前较为通用的方法，该方法通过计算生态保护与恢复项目的建设成本，按照成本加成的方法确定最终的补偿额度。我国的退耕还林（草）项目，就是参照了退耕还林（草）的建设成本与农民退耕的机会成本，从而确定补偿标准。

(3) 生态环境损失标准

基于生态环境损失进行生态补偿额度的确定，也是一种较为普遍的方法，该方法通过测算生态破坏对区域内造成损失的价值，从而确定生态补偿额度。如矿山开采、污水排放等方面的补偿，多以生态环境的损失作为补偿依据。

(4) 支付意愿标准

支付意愿标准是采用条件价值评估法（CVM）对补偿者与被补偿者进行意愿调查，以最大支付意愿与最小接受意愿为边界，综合考虑多方面因素确定补偿额度，目前该方法在我国的水资源补偿、湿地保护等方面应用较为广泛。

(5) 市场定价标准

市场定价标准是通过建立生态产品交易市场，对生态产品或指标进行交易，从而通过供需双方竞价，实现补偿额度的确定。如我国正在试行的排污权交易、国际碳汇贸易等，都是采用该方法。市场竞价方法能够反映资源的稀缺性，并且更好地配置生态资源，但其受政治、经济环境等外部影响较大，很多时候不能反映生态资源的实际价值。如碳汇贸易过程中，由于全球金融危机对各国经济的影响加剧和气候谈判进展受阻，碳汇价格由 20 美元/吨跌至 6 美分/吨，该价格完全偏离了碳汇的实际价值。

8.1.1.2 川滇生态屏障地区农业市场化生态补偿额度的确定

目前国内生态产品与服务价格的确定标准主要有：生态价值标准、

生态建设成本标准、生态环境损失标准、支付意愿标准和市场定价标准等。由于在市场化补偿条件下，生态产品与服务的价格受到生产成本的制约，并受到供求关系、资源稀缺性等市场因素的影响不断波动，由此造成生态补偿的额度也相应发生变化。因此，本书对于川滇生态屏障地区农业市场化生态补偿额度确定的设计，采用政府引导、市场定价的方法实现，由政府制定指导价格，引导市场竞争，由市场完成生态产品及服务的定价，进而确定补偿额度。

指导价格对市场竞争的引导作用，通过税收、财政政策与生态指标交易的指导价三种形式实现。在税收政策引导过程中，政府根据全国的生态资源约束，制定消费总量控制指标，并分解到单个的经济单元，并对各经济单位征收资源消费税。独立认证机构根据农业生产中所产生的生态价值的不同，对农产品给予有区别的认证标志。消费者购买农产品后，根据认证标志的级别，通过退税形式实现补偿激励，同时实现对农业的生态补偿。财政政策激励则是根据生产企业获得认证的情况，给予利率优惠及生态资产抵押贷款等扶持措施，以鼓励生产者的生产行为。生态指标交易指导价，通过在生态市场交易过程中，作为买卖双方的参考，发挥指导作用。

对于政府指导价格的制定，则根据现实性的原则，采用条件价值评估法和综合生态价值指数两种方式进行。在近期，由于生态价值核算的方法学尚不成熟，无法实现对农业生产生态价值的全面、准确核算，对于指导价格的制定可以采用条件价值评估法，通过大量的调研，确定指导价格。在长期，随着生态价值核算技术的逐步完善，政府及科研机构逐步完善生态价值测算的方法学，并对农业生产的生态价值进行核算，制定综合生态价值指数，并给出指数的指导价，通过综合生态价值指数的交易实现生态补偿。

8.1.2 供求关系对市场化补偿额度的影响

与政府主导的生态补偿、NGO 参与的生态补偿不同，农业市场化生态补偿的补偿额度除了受到其生态价值、法律法规、公众意识的影响外，还受到供求关系的影响，因为供求关系可以体现生态资源的稀缺程度。以重庆的排污权交易为例，重庆排污权交易中，化学需氧量的起步价为 5 000 元/吨，2011 年 7 月重庆一家纸业公司将减少的 603 吨化学需氧量进行出售，成交金额接近 700 万元，单位成交价达到了 1 万多元/吨，远高于起步价。

8.1.3 补偿额度对农产品（农业生态价值）供给的影响

农业生态补偿额度的高低，直接影响着农产品的供给量，进而影响农业生态服务与生态价值的供给，这种影响表现为适度补偿、补偿不足、补偿过高三种情况（见图 8-1）。

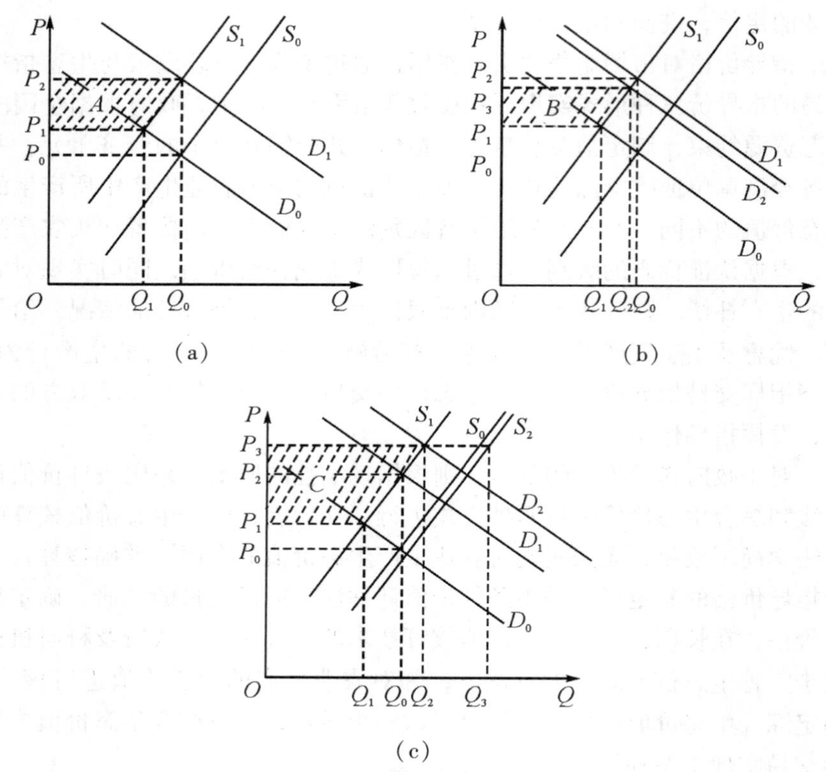

图 8-1 补偿额度对农产品供给的影响

当补偿额度适中时，通过生态补偿可以促进农业产业发展，进而增加生态服务与生态价值的供给。如图 8-1（a）所示，S_0为农产品的供给曲线，D_0为农产品的需求曲线，均衡价格为 P_0，均衡产量为 Q_0。由于没有考虑农业生产中的生态价值，因此该曲线中供给价格被低估。若考虑生态价值，则农产品的供给曲线应该为 S_1，均衡价格为 P_1，均衡产量为 Q_1。显然，此时均衡价格高于 P_0，均衡产量低于 Q_0。只有对生态价值进行补偿，才能保证农产品（农业生态价值）的供给。在政策引导及消费者生态意识增强的前提下，消费者会按照农产品生态价值的含量，以较高的价格购买通过生态认证的农产品，从而使需求曲线向右移动。当需求曲线移动至 D_1 时，均衡价格为 P_2，此时均衡产量恢复到 Q_0，农产品（农业生态价值）的供给达到正常水平，实现了适度补偿，区域 A 为农产品生产者获得的超额生产者剩余，即生态补偿。

当补偿额度不足时，农产品的生产成本不能得到弥补，从而影响生产者的积极性，进而减少了农产品与生态价值的供给。如图 8-1（b）所示，若需求曲线移动至 D_2，则补偿额度为区域 B，区域 B 小于区域 A，此时的均衡价格为 P_3，均衡产量为 Q_2，Q_2 小于 Q_0，农产品（农业生态价值）供给不足。

当补偿额度过高时，由于农业产业可以获得超额利润，社会资本会流入农业产业，从而出现农产品供给过剩，供大于求，产品滞销，生产者不能得到预期利润，从而退出市场。如图 8-1（c）所示，若需求曲线移动至 D_2，则均衡价格为 P_3，均衡产量为 Q_2，补偿额度为区域 C，区域 C 大于区域 A，此时出现了超额补偿，生产者可以获得超额利润。当市场出现超额利润时，更多的投资者会进入该市场，从而使供给曲线向右移动至 S_2，供给量增加到 Q_3，供给大于需求，农产品出现滞销，企业出现亏损，并退出市场，农产品（农业生态价值）供给减少。

可见，农业市场化生态补偿的过程中，供给和需求影响着补偿额度的高低，进而影响着生态产品与服务的供给。

8.2 川滇生态屏障地区基于 CVM 的农业生态补偿额度

鉴于农业生态价值核算的方法学尚不成熟，本书采用条件价值评估方法，对川滇生态屏障地区的农业生产者（农户）进行调查，以确定对其采取生态保护措施损失补偿的接受意愿；对农产品消费者（城市居民）进行调查，以确定其通过农产品对农业生态价值的支付意愿；并在此基础上确定川滇生态屏障地区农业生态补偿的额度。

8.2.1 条件价值评估方法

条件价值评估法（contingent valuation method，CVM）是在假设市场条件下，通过问卷等形式，调查人们在假设市场里的经济行为，是一种陈述性偏好评估方法，主要用于环境等具有外部效应的公共产品的价值评估。CVM 评估调查的内容包括：支付意愿（willingness to pay，WTP）和接受意愿（willingness to accept，WTA）两部分，通过对最大支付意愿和最小接受意愿进行分析，确定具有外部性的公共产品的价值。

8.2.2 农业生态补偿的支付意愿

8.2.2.1 问卷设计与数据来源

由于川滇生态屏障地区农产品的主要购买者为四川、重庆等地的城市居民，本书采用 CVM 评估法，对该区域城市居民农业生态价值的支付意愿进行了调查。调查问卷分为四个部分，第一部分是对环境保护与生态补偿的认知，包括对生态环境问题的关注度、对生态补偿的认知度、生态知识的来源等；第二部分是对食品安全的认知，包括对食品安全的了解程度、食品安全的责任认知、食品安全与环境的关系等；第三部分是支付意愿调查，包括对生态税的观点、对农业的生态价值进行补偿的意愿等内容；第四部分为受访者的基本信息，包括性别、受教育程度、收入、职业等。为了提高回收率、便于统计，问卷采用封闭式设计，由受访者从所列选项中直接选择。

本次调查共发放问卷 450 份，实际回收 445 份，其中有效问卷 431 份。鉴于本书对农业生态补偿者的界定为城市消费者，本次调查主要区域为四川、重庆两省（市）的地级以上城市，包括成都市、重庆市、绵阳市、德阳市、资阳市、乐山市和泸州市。

从样本基本情况看，受访者女性多于男性，占 60.32%；受教育程度以大学为主，占 54.76%；年龄在 30~49 岁的居多，占 54.76%；月收入小于 2 000 元的占 52.2%；月家庭收入 3 000~5 999 元的居多，占 33.64%；职业性质以企业居多，占 41.3%，其中国企和私企分别为 15.55%和 22.74%（见表 8-1）。

表 8-1　农产品生态价值支付意愿调查对象基本特征

特征	选项	人数/人	占比/%	特征	选项	人数/人	占比/%
性别	男	171	39.68	家庭月收入	小于 3 000 元	135	31.32
	女	260	60.32		3 000~5 999 元	145	33.64
受教育程度	小学及以下	40	9.28		6 000~8 999 元	91	21.11
	中学	139	32.25		9 000 元及以上	60	13.92
	大学	236	54.76	工作单位性质	国企	67	15.55
	硕士及以上	16	3.71		私企	98	22.74

表8-1(续)

特征	选项	人数/人	占比/%	特征	选项	人数/人	占比/%
年龄	18 岁以下	40	9.28		外企	13	3.02
	18~29 岁	140	32.48		行政事业单位	51	11.83
	30~49 岁	236	54.76		其他	202	46.87
	50 岁及以上	15	3.48	职业	职员	95	22.04
月收入	小于 2 000 元	225	52.20		教师/公务员	47	10.90
	2 000~2 999 元	94	21.81		个体	70	16.24
	3 000~4 999 元	81	18.79		退休	4	0.93
	5 000 元及以上	31	7.19		务工	74	17.17
家庭人口	1 人	5	1.16		待业	141	32.71
	2 人	27	6.26				
	3 人	217	50.35				
	4 人及以上	182	42.23				

8.2.2.2 支付意愿的描述性分析

(1) 生态补偿认知

调查发现，川滇地区城镇居民对生态补偿有一定的认识。在 431 份有效问卷中，只有 7.9%的受访者表示对生态补偿完全不了解，64%的受访者经常关注生态问题，一半以上的受访者对西部生态环境较为满意，85.6%的受访者愿意进行生态补偿；多数受访者表示对生态补偿知识了解的渠道是电视宣传，占总样本的 61.9%；从生态建设与补偿的责任看，更多的人倾向于政府与社会共同参与补偿（71%），只有 7.7%的受访者表示生态环境问题应由政府承担责任；从补偿的方式看，多数受访者接受有差别的补偿方式，其中愿意支付差额水电费的占 25.1%，统一征收环保税的占 39.9%（见表 8-2）。

表 8-2 生态补偿认知

项目	选项	人数/人	占比/%	项目	选项	人数/人	占比/%
生态保护知识	非常了解	32	7.4	身边的环境	非常好	21	4.9
	了解一些	365	84.7		很好	87	20.2
	不了解	34	7.9		尚可	208	48.3
生态问题关注	关注	276	64		很差	89	20.6
	不关注	155	36		非常差	26	6

表8-2(续)

项目	选项	人数/人	占比/%	项目	选项	人数/人	占比/%
生态知识了解渠道	电视	267	61.9	补偿方式	捐款	92	21.3
	报纸	58	13.5		差额水电费	108	25.1
	书籍	50	11.6		环保税	172	39.9
	其他	56	13				
生态环境改善责任	政府职责	33	7.7		环保彩票	43	10
	社会责任	91	21.1		其他	16	3.7
	双方责任	306	71				
个人是否应该进行生态补偿	是	369	85.6				
	否	62	14.4				

从调查数据可以看出，近年来我国对生态补偿宣传力度的不断加大，尤其是电视宣传力度的加大，对我国生态文明建设起到了巨大的推动作用；此外，差额水电价格的宣传及尝试，也对公众的生态意识起到了一定的提升作用。

（2）食品安全认知

对于食品安全的认知方面，431 份有效问卷中，377 人认为了解一些食品安全的相关知识，占总有效问卷的 87.5%；22 人认为非常了解，占总有效问卷的 5.1%；只有 32 人完全不了解，占总有效问卷的 7.4%。298 人经常关注食品安全问题，占总有效问卷的 69.1%。调查结果显示，随着生活水平的提高，公众对食品安全的关注度正在逐步提高。近年来连续出现的食品安全事件，对提高公众食品安全认知，起到了警示和教育作用。从食品安全责任方面看，多数受访者认为食品安全问题是政府与社会共同的责任（72.9%）；在社会责任与政府责任方面，更多的受访者认为政府责任（16%）大于社会责任（11.1%）。对于食品安全与生态保护的关系方面，69.4%的受访者表示二者有关系，17.6%的受访者认为关系不大，只有 13%的受访者表示二者没有关系。该数据说明，较多的社会公众会从食品安全角度出发，对农业的生态价值进行补偿，即基于农业的生态价值，结合食品安全体系，建立社会补偿的市场化生态补偿机制，具有一定的可行性（见表 8-3）。

表 8-3 食品安全认知

项目	选项	人数/人	占比/%	项目	选项	人数/人	占比/%
对食品安全的认知	非常了解	22	5.1	对食品安全的关注	关注	298	69.1
	了解一些	377	87.5		不关注	133	30.9
	不了解	32	7.4	食品安全责任	政府责任	69	16
食品安全与生态保护的关系	有关系	299	69.4		社会责任	48	11.1
	关系不大	76	17.6		双方责任	314	72.9
	无关	56	13				

（3）补偿意愿

从农业生态补偿的支付意愿看，40.8%的受访者表示，愿意支付高于农产品价格5%~10%的农业生态补偿费用；13.7%的受访者愿意支付高于农产品价格10%以下的补偿费用；另有45.5%的受访者，不愿意支付超过农产品价格5%以下的生态补偿，其中14%的受访者不愿意进行农业生态补偿（见表8-4）

表 8-4 补偿意愿统计表

项目	选项	人数/人	占比/%
补偿意愿	5%以下（含不愿意补偿）	196	45.5
	5%~10%	176	40.8
	10%以上	59	13.7
合计		431	100

从补偿意愿的调查数据可以看出，多数公众愿意对农业的生态价值进行补偿。不愿对农业进行生态补偿的受访者表示，收入过低、对农业生产过程的监管和对生态补偿的了解程度不够，是他们拒绝进行补偿的主要原因。

（4）补偿意愿的影响因素

从补偿意愿调查的统计数据看，在10%以下补偿水平上，性别对补偿意愿的影响较小，在农产品价格10%以上补偿水平上，男性较女性更具有补偿意愿，这主要是因为女性收入水平较低。

从受教育程度上看，小学以下学历的受访者中，95%的人补偿意愿低于5%补偿水平，而中学学历的受访者只有71.94%的受访者补偿意愿低于5%水平，大学和硕士以上学历的受访者中，低于5%补偿水平的分别只占24.15%和6.25%，可见受教育程度越高对于生态补偿的意愿越大。学历与补偿意愿呈正相关性，主要是由于受教育程度的提高，导致了受访者生态补偿及相关知识的增加（见表 8-5）。

表 8-5　补偿意愿的影响因素

项目	选项	5%以下		5%~10%		10%以上	
		人数/人	占比/%	人数/人	占比/%	人数/人	占比/%
性别	男	70	40.94	66	38.60	35	20.47
	女	126	48.46	110	42.31	24	9.23
受教育程度	小学以下	38	95.00	2	5.00	0	0.00
	中学	100	71.94	31	22.30	8	5.76
	大学	57	24.15	140	59.32	39	16.53
	硕士及以上	1	6.25	3	18.75	12	75.00
年龄	18 岁以下	22	56.41	17	43.59	2	5.13
	18~29 岁	135	97.12	107	76.98	22	15.83
	30~49 岁	38	16.17	50	21.28	29	12.34
	50 岁及以上	1	7.14	2	14.29	6	42.86
月收入	小于 2 000 元	133	59.11	84	37.33	8	3.56
	2 000~2 999 元	42	44.68	42	44.68	10	10.64
	3 000~4 999 元	19	23.46	42	51.85	20	24.69
	5 000 元及以上	2	6.45	8	25.81	21	67.74
生态保护知识	非常了解	10	31.25	15	46.88	7	21.88
	了解一些	176	48.22	146	40.00	43	11.78
	不了解	10	29.41	15	44.12	9	26.47
生态问题	关注	126	45.65	110	39.86	40	14.49
	不关注	70	45.16	66	42.58	19	12.26
身边环境	非常好	15	71.43	6	28.57	0	0.00
	很好	63	72.41	19	21.84	5	5.75
	尚可	86	41.35	106	50.96	16	7.69
	很差	26	29.21	36	40.45	27	30.34
	非常差	6	23.08	9	34.62	11	42.31

表8-5(续)

项目	选项	5%以下		5%~10%		10%以上	
		人数/人	占比/%	人数/人	占比/%	人数/人	占比/%
食品安全知识	非常了解	12	54.55	6	27.27	4	18.18
	了解一些	171	45.36	155	41.11	51	13.53
	不了解	13	40.63	15	46.88	4	12.50
食品安全问题	关注	134	44.97	126	42.28	38	12.75
	不关注	62	46.62	50	37.59	21	15.79
食品安全与生态	有关系	118	39.46	134	44.82	47	15.72
	关系不大	42	55.26	29	38.16	5	6.58
	无关	36	64.29	13	23.21	7	12.50

从受访者的年龄看，30 岁以下的受访者差别较小，补偿意愿都较低；30 岁以上的受访者，补偿意愿均较高。这主要由不同年龄受访者的收入水平决定，30 岁以下的人群，由于其收入较低且不稳定，生态补偿费用的支出无疑会增加他们的经济压力；而 50 岁以上的受访者支付意愿更高，则是由于该部分人群对于生态环境改善的意愿更强。

调查数据显示，收入水平是影响补偿意愿的主要因素。在农产品价格 5%~10%的补偿水平上，愿意进行生态补偿的受访者中，月收入在 3 000~4 999 元的占 51.85%，月收入在 5 000 元的占 25.81%；在农产品价格 10%以上水平上，愿意进行生态支付的受访者中，月收入在 5 000元及以上的达 67.74%。

此外，调查数据还显示，对生态补偿的认知与对食品安全的认知，也会影响公众对生态补偿的支付意愿，二者中对食品的关注较对生态补偿的认知影响更大；在对目前的生态环境的评判中，尽管多数受访者表示，环境状况尚好，但是环境因素仍然与补偿意愿相关，其中在农产品价格 10%以上的补偿水平上，认为目前环境很差和非常差的占 30.34%和 42.31%。

8.2.2.3 支付意愿的回归分析

为了深入了解川滇生态屏障地区农业补偿意愿的影响因素，本书对受访者的基本特征、对农业生态补偿的认知和对食品安全的认知内容与支付意愿，进行了回归分析。

（1）模型及参数设置

为了分析上述因素对支付意愿的影响，本书采用 Logit 模型，并将

解释变量 x_i 设定为：性别、年龄、受教育程度、月收入、对生态知识的了解、对生态问题的关注度、对身边环境的评价、对食品安全知识的了解、对食品安全的关注度、对食品安全与生态保护的认识；以 Y 表示对农产品生态价值的支付意愿，将农产品价格5%以下的补偿水平赋值为0，5%~10%的补偿水平赋值为1，10%及以上的补偿水平赋值为2。

本书采用 Logistic 函数（方程 a），建立 Logit 模型（方程 b）：

$$P(y=j \mid x_i) = \frac{1}{1+e^{-(\alpha+\beta x_i)}} \quad (a)$$

$$\text{logit}(P_j) = \ln\left[\frac{P(y \leqslant j)}{P(y > j+1)}\right] = \alpha_j + \beta X \quad (b)$$

其中：$P_j = P(y=j)$；$j = 0, 1, 2$；$X^T = (x_1, x_2, x_3, \cdots, x_i)^T$ 为自变量；$\beta = \beta_1, \beta_2, \beta_3, \cdots, \beta_i$ 为与之对应的回归系数，$\alpha = \alpha_1, \alpha_2, \alpha_3, \cdots, \alpha_i$ 为截距补偿水平，j 发生的概率为

$$P(y \leqslant j \mid x) = \frac{e^{-(\alpha+\beta x_i)}}{1+e^{-(\alpha+\beta x_i)}} \quad (c)$$

（2）结果分析

采用 SPSS13.0 对城市消费者农产品生态价值的补偿意愿进行多元 Logit 回归分析，模型的卡方值为 298.407，显著性水平为 0.000，说明模型的拟合度较好，具有良好的组区分能力（见表 8-6）；伪 R^2 统计量显示，模型具有有效性，根据 Nagelkerke R^2，组属性中 57.8%的方差可归因于上述变量（见表 8-7）。

表 8-6　模型拟合信息

Model	Model Fitting Criteria	Likelihood Ratio Tests		
	-2 Log Likelihood	Chi-Square	df	Sig.
Intercept Only	839.736			
Final	541.329	298.407	26	.000

表 8-7　伪 R^2 统计量

Cox and Snell	.500
Nagelkerke	.578
McFadden	.347

模型的似然比检验显示，对生态环境的评价（x_3）、对食品安全的关注（x_6）、受访者受教育程度（x_7）、受访者的年龄（x_8）、受访者的

收入水平（x_9）、对食品安全与环境保护的认识（x_{10}）六个变量的卡方值较大，且显著性水平接近 0，具有明显的效应，能够很好地判别组，即对农业生态补偿意愿的影响较大；生态与食品安全的关系（x_5）、对食品安全的关注程度（x_6）两个变量，对组的解释较差，即对农业生态补偿意愿的影响较小（见表 8-8）。

表 8-8　似然比检验

Effect	Model Fitting Criteria	Likelihood Ratio Tests		
	-2 Log Likelihood of Reduced Model	Chi-Square	df	Sig.
Intercept	611. 763	70. 433	2	0
x_1	543. 974	2. 645	2	0. 266
x_2	543. 936	2. 607	2	0. 272
x_3	554. 806	13. 477	2	0. 001
x_4	541. 862	0. 533	2	0. 766
x_5	542. 887	1. 558	2	0. 459
x_6	552. 304	10. 974	2	0. 004
x_7	666. 919	125. 589	2	0
x_8	552. 705	11. 376	2	0. 003
x_9	575. 011	33. 682	2	0
x_{10}	546. 941	5. 612	2	0. 06
x_{11}	543. 158	1. 828	2	0. 401
x_{12}	544. 713	3. 383	2	0. 184
x_{13}	544. 157	2. 828	2	0. 243

从参数估计的结果看，对生态环境的评价（x_3）、对食品安全的关注（x_6）、受访者受教育程度（x_7）、受访者的年龄（x_8）、受访者的收入水平（x_9）、对食品安全与环境保护的认识（x_{10}）六个变量的 Wald 值较大，显著性水平接近 0，具有较好的判别能力，即对农产品价格 5%以下的补偿水平与 5%~10%的补偿水平，具有显著的判断能力。

从模型估计的效应系数看，受访者受教育程度（x_7）效应系数为 2. 155，受访者的收入水平（x_9）的效应系数为 0. 794，这表明上述两个变量对第一组和第二组的影响程度较大，即受教育程度提高和收入增加，可以显著提高受访者在农产品价格 5%以下水平的补偿意愿；以第二组为参照的参数估计结果显示，对环境问题的关注度（x_2）的效应系数为-0.639，对食品安全的关注度（x_6）的效应系数为1.390，受访者受教育程度（x_7）的效应系数为1.116，受访者的年龄（x_8）的效应系数为0.862，受访者的收入水平（x_9）的效应系数为0.774，这表明上述5个变量对第二组和第三组的影响较大，即提高受访者对生态补偿和食品安全的认知、收入水平、受教育程度，可以有效提高其在农产品价格5%~10%水平的生态补偿意愿（见表8-9）。

表8-9　参数估计

补偿意愿	β	Std. Error	Wald	df	Sig.	Exp（β）	95% Confidence Interval for Exp（β）	
							Lower Bound	Upper Bound
2Intercept	-10.252	1.862	30.297	1	0			
x_1	0.423	0.396	1.138	1	0.286	1.526	0.702	3.32
x_2	0.289	0.304	0.903	1	0.342	1.335	0.736	2.422
x_3	0.348	0.16	4.757	1	0.029	1.416	1.036	1.937
x_4	0.238	0.329	0.523	1	0.469	1.269	0.666	2.417
x_5	0.287	0.402	0.509	1	0.476	1.332	0.606	2.932
x_6	0.312	0.329	0.9	1	0.343	1.366	0.717	2.601
x_7	2.155	0.259	69.209	1	0	8.632	5.195	14.344
x_8	0.446	0.252	3.138	1	0.076	1.563	0.954	2.56
x_9	0.794	0.201	15.674	1	0	2.212	1.493	3.278
x_{10}	-0.446	0.197	5.117	1	0.024	0.64	0.435	0.942
x_{11}	-0.132	0.278	0.224	1	0.636	0.877	0.508	1.512
x_{12}	-0.277	0.153	3.248	1	0.072	0.758	0.561	1.024
x_{13}	0.075	0.211	0.126	1	0.723	1.078	0.712	1.631
3Intercept	-21.985	3.293	44.583	1	0			
x_1	0.96	0.6	2.558	1	0.11	2.612	0.805	8.469
x_2	-0.639	0.513	0.466	1	0.495	0.705	0.258	1.925
x_3	0.878	0.249	12.404	1	0	2.405	1.476	3.919
x_4	0.151	0.512	0.087	1	0.768	1.163	0.426	3.169
x_5	-0.37	0.659	0.314	1	0.575	0.691	0.19	2.516
x_6	1.390	0.534	10.136	1	0.001	5.483	1.923	15.63
x_7	1.116	0.472	47.935	1	0	26.343	10.435	66.502
x_8	0.862	0.401	10.66	1	0.001	3.7	1.687	8.114
x_9	0.774	0.295	28.271	1	0	4.795	2.691	8.547

表8-9(续)

补偿意愿	β	Std. Error	Wald	df	Sig.	Exp (β)	95% Confidence Interval for Exp (β)	
							Lower Bound	Upper Bound
x_{10}	-0.513	0.341	2.265	1	0.132	0.599	0.307	1.168
x_{11}	-0.588	0.441	1.774	1	0.183	0.555	0.234	1.319
x_{12}	-0.167	0.255	0.43	1	0.512	0.846	0.513	1.395
x_{13}	0.55	0.351	2.461	1	0.117	1.734	0.872	3.447

从上述分析可以看出，城市消费者对生态补偿的认知、对食品安全的认知、受教育程度以及收入水平，对其参与生态补偿的意愿影响较大。通过加大农业生态补偿知识和食品安全知识的宣传，提高国民教育水平，可以有效提高其对农业生态补偿的支付额度。提高城市居民对生态补偿和食品安全的认知、收入水平、教育水平，可以有效提高其在较高水平上的补偿支付意愿（5%~10%水平）。此外，随着经济的发展和个人收入的提高，社会公众对农业生态补偿的支付意愿也将得到有效的提高。

8.2.2.4 支付意愿

从调查问卷看，受访者对农业生态价值的支付意愿，主要集中在农产品价格10%以下的水平上，其中拒绝对农产品生态价值进行支付的比例为14.39%，愿意支付农产品价格5%以下的占31.09%，愿意支付农产品价格5%~10%的占40.84%，愿意支付农产品价格10%以上的占13.69%（见表8-10、图8-2）。

本书按照最大支付的原则，将5%以下支付水平的实际支付额度设定为5%，5%~10%支付水平的支付额度设定为10%，将10%以上水平的支付额度设定为增值税税率17%。据此，城市居民对农业生态价值补偿的最大支付意愿为

$$E(WTP) = \sum_{i=1}^{4} P_i b_i = 0.08,\ i = 1,\ 2,\ 3,\ 4$$

其中 P_i 为受访者在第i种补偿支付水平上受访者愿意支付的比例，b_i 为第 i 种支付水平。计算结果显示，受访者愿意支付农产品价格的8%，作为对农业生态价值的补偿，即城市消费者对农业生态价值补偿的最大支付意愿为农产品价格的8%。

表 8-10　支付意愿统计表

序号	补偿支付水平	愿意补偿者人数/人	愿意补偿者比例/%
1	不愿意补偿	62	14.39
2	5%以下	134	31.09
3	5%~10%	176	40.84
4	10%以上	59	13.69
合计		431	100

注：补偿支付水平以农产品价格为基准。

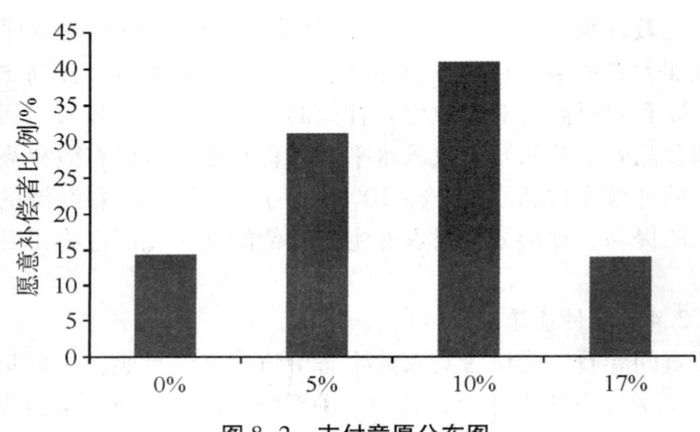

图 8-2　支付意愿分布图

8.2.3　农业生态补偿的接受意愿

8.2.3.1　问卷设计与数据来源

本书选择雅安市、南充市、绵阳市三地的农户，对农业生产生态价值补偿的接受意愿进行了调查。调查问卷分为四部分，第一部分为受访者的基本情况，包括民族、性别、年龄、受教育程度、收入情况等；第二部分为受访者对生态环境保护及生态补偿的认知，包括对环境知识的了解情况、对生态补偿的了解情况、退耕还林（草）项目的参与情况、对周边环境变化的评价、环保活动的参与情况等；第三部分为对食品安全的认知，包括对食品安全知识的了解、化肥农药使用与食品安全的关系等；第四部分为农业生态补偿的接受意愿，包括减少农药化肥使用的补偿接受意愿、减畜的接受意愿等。

本次调查共发放问卷 450 份，回收问卷 436 份，其中有效问卷 408 份，无效问卷主要因为信息不完整。从受访者基本信息看，受访者中汉族人口多于少数民族人口，占总受访者的73.8%；男性略少于女性，分别为183人和225人，占总受访者的44.9%和55.1%；年龄主要分布在18~49岁，其中18~29岁和30~49岁的受访者分别为225人和120人，占总受访者的55.1%和29.4%；受教育程度普遍偏低，大学及以上的被访者仅有33人，占总受访者的8.1%（见表8-11）。

表8-11 农业生态补偿接受调查受访者基本信息

项目	选项	人数/人	占比/%	项目	选项	人数/人	占比/%
民族	其他	107	26.2	性别	男	183	44.9
	汉族	301	73.8		女	225	55.1
年龄	18岁以下	35	8.6	家庭人口数	2人	10	2.5
	18~29岁	225	55.1		3人	129	31.6
	30~49岁	120	29.4		4人	190	46.6
	50岁及以上	28	6.9		5人及以上	79	19.4
受教育程度	小学及以下	102	25	人均收入	2 000元以下	107	26.2
	初中	109	26.7		2 000~4 999元	165	40.4
	高中	164	40.2		5 000~7 999元	83	20.3
	大学及以上	33	8.1		8 000元及以上	53	13

8.2.3.2 生态补偿认知

在生态环境的认知方面，多数受访者认为身边的环境变差了，其中认为耕地/草场变差的受访者人数达273人，占全部受访者的66.9%，认为河流水质变差的受访者达351人，占全部受访者的86%；在生态保护知识的了解方面，多数受访者表示了解一些相关知识，只有40名受访者表示不了解，占全部受访者的9.8%；接近80%的受访者通过电视了解生态保护的相关知识；在生态补偿知识的了解程度方面，有164人表示不了解生态补偿，占总受访者的40.2%；但是调查同时显示，有46.3%的受访者参加了退耕还林（草）项目，并且超过80%的被访者表示退耕项目很好或还需要（见表8-12）。

表8-12 农业生态补偿的认知

项目	选项	人数/人	占比/%	项目	选项	人数/人	占比/%
耕地/草场质量	变好了	78	19.1	生态保护知识	非常了解	48	11.8
	没变化	57	14		了解一些	320	78.4
	变差了	273	66.9		不了解	40	9.8

表8-12(续)

项目	选项	人数/人	占比/%	项目	选项	人数/人	占比/%
身边河流水质	变好了	36	8.8	生态保护知识了解渠道	电视	326	79.9
	没变化	21	5.1		报纸	30	7.4
	变差了	351	86		书籍	35	8.6
退耕还林（草）	已经参加	189	46.3		其他	17	4.1
	未参加	219	53.7	生态补偿知识	非常了解	35	8.6
认为退耕项目	不好	57	13.9		了解一些	209	51.2
	不需要	20	4.9		不了解	164	40.2
	很好	212	52.0				
	还需要	119	29.2				

总体上看，四川农村居民主要通过电视对生态环境知识有了一定的了解，并且参与了政府开展的退耕还林（草）等生态补偿项目，尽管多数受访者参与或者对具体补偿项目具有较高的评价，并表示仍然需要该类项目，但是由于对生态补偿概念较为模糊，因此超过40%的受访者表示不了解生态补偿，可见加强生态补偿知识的宣传教育亟待进行。

8.2.3.3　食品安全认知

对食品安全的认知调查显示，多数受访者表示了解相关知识，食品安全与生态环境息息相关，其中选择不了解的仅有18人，占总受访者的4.4%；认为食品安全与生态环境不相关的仅有39人，占总受访者的9.6%。多数受访者表示，近年来我国发生的一些食品安全事件，是他们关注食品安全的主要原因（见表8-13）。

表8-13　食品安全的认知

项目	选项	人数/人	占比/%	项目	选项	人数/人	占比/%
食品安全知识	非常了解	38	9.3	化肥对健康	有害	326	79.9
	了解一些	352	86.3		无害	82	20.1
	不了解	18	4.4	农药对健康	有害	383	93.9
食品安全与环境保护	相关	336	82.4		无害	25	6.1
	关系不大	33	8.1				
	无关	39	9.6				

8.2.3.4　接受意愿

受访者对不使用化肥及农药的补偿意愿较为分散，只有农产品价格5%以下的补偿水平选择较少，占总受访者的11%。问卷显示，由于本次调查选择了四川盆地、盆周与民族地区三类地区，这些地区特殊的种植条件造成种植产业收入差距较大，是受访者选择较为分散的主要原因。对减少畜牧养殖10%的接受意愿，主要集中在5%~20%的水平上，其中3%~5%、5%~10%、10~15%、15~20%水平的接受比例分别为18.4%、20.3%、19.6%和20.8%。（见表8-14、图8-3、图8-4）

表8-14 农业生态补偿的接受意愿

补偿项目	补偿接受水平	愿意补偿比例/%	补偿额度/%	加权水平
不使用化肥及农药的补偿	小于3%	11	0	0.0
	3%~5%	21.6	3	0.6
	5%~10%	20.6	5	1.0
	10%~15%	16.9	10	1.7
	15%~20%	13.7	15	2.1
	20%以上	16.2	20	3.2
	合计	100	—	8.6
减少畜牧养殖10%的补偿	小于3%	7.8	0	0.0
	3%~5%	18.4	0.03	0.6
	5%~10%	20.3	0.05	1.0
	10%~15%	19.6	0.1	2.0
	15%~20%	20.8	0.15	3.1
	20%以上	13	0.2	2.6
	合计	100	0.53	9.3

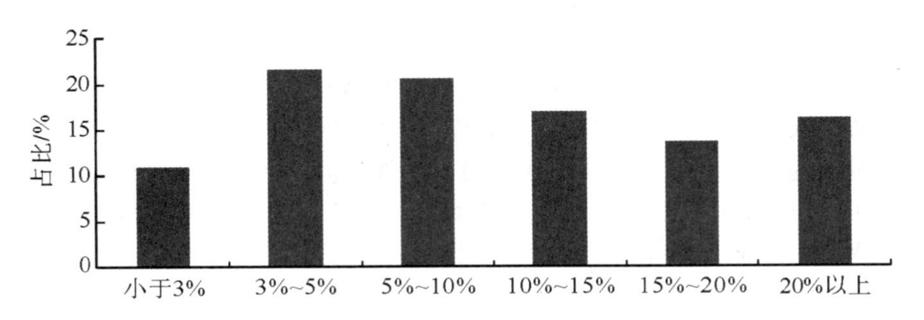

图8-3 不使用化肥及农药补偿的接受意愿分布图

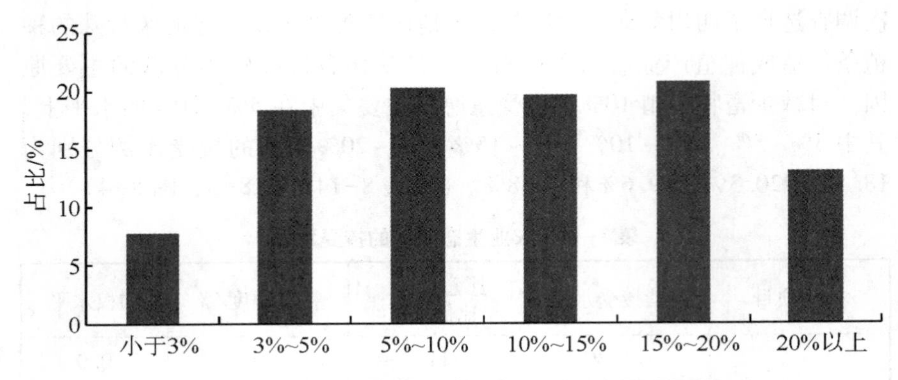

图 8-4 减少畜牧养殖 10%补偿的接受意愿分布图

本书按照最小接受的原则，将 3%以下接受水平的实际接受额度设定为 0，3%~5%水平的接受额度设定为 3%，将 5%~10%水平的接受额度设定为 5%，10%~15%水平的接受额度设定为 10%，将 15%~20%水平的额度设定为 15%，20%以上水平的接受额度设定为 20%。据此，农户对不使用化肥农药补偿的最小接受意愿（ WTA_1 ）和对减畜 10%补偿的最小接受意愿（ WTA_2 ）分别为

$$E(WTA_1) = \sum_{i=1}^{4} P_i b_i = 0.087, \ i = 1, 2, 3, 4, 5$$

$$E(WTA_2) = \sum_{i=1}^{4} P_i b_i = 0.092, \ i = 1, 2, 3, 4, 5$$

其中 P_i 为被调查者在第 i 种补偿接受水平上愿意接受补偿的比例，b_i 为第 i 中补偿接受水平。计算结果显示，受访者对不使用化肥农药补偿的最小接受意愿为 8.6%，对减畜 10%补偿的最小接受意愿为 9.3%。

8.2.4 补偿额度的确定

通过对农业生态价值补偿的 WTP 和 WTA 的分析，可以看出城市消费者对农业生态价值补偿的支付意愿（8%）低于农户对农业生态价值的补偿的接受意愿（8.6%和 9.3%）。条件价值评估法的相关研究也证明了支付意愿小于接受意愿的合理性，因此本书对农业生态价值基于 CVM 的评价较为可靠。

一方面，考虑到城市居民对农业生态价值的支付意愿，受到受教育程度、收入水平等影响因素较大，随着我国经济与社会的发展，这些因素将有所提高，从而不断推动城市居民对农业生态价值补偿意愿的提高。另一方面，从我国粮食安全与食品安全两个方面考虑，应该适度提高对农业生态价值的补偿标准。故本书认为，对无化肥农药的农业生产给予农产品价格9%的补偿，对农户减畜10%的畜牧生产给予10%的补偿将有助于推动川滇生态屏障地区的农业发展与生态环境保护。根据2012年统计数据，在采用生物防控技术、快速育肥等技术，保证产量不变的前提下，2011年四川省农业（种植）生态补偿的金额应为191.45亿元，畜牧养殖的补偿金额应为153.5亿元；云南省2011年农业（种植）生态补偿的总金额应为89.98亿元，畜牧养殖的补偿金额应为72.74亿元。

以生态林种植补偿为例，按每亩速生林年均产值10 000元计算（含种植管理成本），则市场化生态补偿的额度为800元/亩；而目前我国的退耕还林（草）项目，每亩的补偿为100~200元。可见，实施市场化生态补偿后，一方面政府减少了大量的财政投资；另一方面农民获得了较政府补偿更高的收益。

8.3 本章小结

本章对川滇生态屏障地区农业生态补偿的额度进行了分析，认为农业市场化生态补偿中的补偿额度同时受到生态价值和农产品供求关系的影响，生态补偿额度不足时农产品供给不足，补偿过高时资本的流入会影响行业的长期发展。

进而对四川城市消费者农业生态补偿的支付意愿和农户的接受意愿进行了调查与分析，结果表明由于电视媒体等的宣传，城市居民对生态补偿的认知度较高；农村居民尽管对退耕还林（草）等补偿项目具有很高的评价，但是对生态补偿的认知度较低。

对城市消费者农业生态补偿支付意愿的回归分析显示，对生态环境的评价（x_3）、对食品安全的关注（x_6）、受访者受教育程度（x_7）、受访者的年龄（x_8）、受访者的收入水平（x_9）、对食品安全与环境保护的认识（x_{10}）对农业生态补偿意愿的影响较大。可以有效提高其在较高水平上的补偿意愿（5%~10%水平）。随着经济社会的发展、个人收入的提高，社会公众对农业生态补偿的支付意愿也将得到有效的提高。

调查分析的结果还显示，城市消费者对农业生态补偿的最大支付意愿为农产品价格的8%；农户不使用化肥农药补偿的最小接受意愿为8.6%，对减畜10%补偿的最小接受意愿为9.3%。综合城市消费者的最大支付意愿与农户的最小接受意愿，本书认为对无化肥农药生产的农产品给予9%的补偿，对农户减畜10%生产的肉食产品给予10%的补偿，将有助于推动川滇生态屏障地区的农业发展与生态环境保护，2011年四川省农业（种植）生态补偿的金额应为 191.45 亿元，畜牧养殖的补偿金额应为 153.5 亿元；云南省 2011 年农业（种植）生态补偿的总金额应为 89.98 亿元，畜牧养殖的补偿金额应为 72.74 亿元。

以速生林种植为例，与目前我国正在实施的退耕还林（草）项目比较，采取市场化生态补偿后，农民获得的补偿远高于现有补偿，既可以减少政府支出，又可以增加农业补偿的力度。

9 川滇生态旅游业市场化补偿额度研究

在我国旅游产业快速发展的同时，生态资源作为重要的旅游资源，正面临开发与保护的矛盾，应通过建立生态旅游补偿机制，来实现生态旅游资源的合理开发与利用。川滇地区是我国的生态屏障地区、生态资源富集区、生态脆弱区，也是我国生态旅游资源丰富的地区之一。区域内旅游景点大多位于环境优美的自然保护区，景区的开发不仅给生态环境带来了压力，也对周边居民的生产和生活造成了严重影响。建立生态旅游补偿机制，确定补偿额度，对生态旅游开发进行补偿势在必行。

条件价值评估法是一种陈述性偏好评估方法，主要用于生态环境等具有外部性产品的价值评估。鉴于旅游生态资源属公共产品，本书采用条件价值评估法，对四川省生态旅游的潜在客户进行调查，分析影响其补偿行为的因素，确定生态旅游补偿的最大支付意愿，以此为基础确定四川省生态旅游补偿的补偿额度。

9.1 问卷设计与数据来源

2011 年，四川省共接待游客 3.5 亿人次，其中境外游客仅有 164 万人①，比例较小，且旅游人群中城市居民居多，故本书仅选择成都市作为调查地点，进行支付意愿调查。问卷共三部分，第一部分为对生态旅游补偿的认知，包括对生态旅游资源保护的认知、了解生态旅游知识的渠道、对生态旅游资源保护责任主体的认知、愿意参与的生态旅游补偿方式等；第二部分为旅游行为和支付意愿，包括受访者年出游天数、年旅游支出、以旅游景点门票为基准愿意支付的生态旅游补偿的比例等内容；第三部分为受访者情况，包括性别、年龄、受教育程度、收入及家庭情况。调查共发放问卷 260 份，回收问卷 252 份，有效问卷 247 份，无效问卷主要因为信息不全与信息冲突。调查区域为成都市，调查地点

① 数据来源：四川省旅游局相关统计年鉴。

为武侯区、金牛区和龙泉驿区，样本调查数据见表 9-1。

表 9-1　调查样本基本特征表

项目	选项	人数	占比/%	项目	选项	人数	占比/%
性别	男	100	40. 5	家庭月收入	小于 2 999 元	76	30. 8
	女	147	59. 5		3 000~5 999 元	92	37. 2
受教育程度	小学及以下	21	8. 5		6 000~8 999 元	49	19. 8
	中学	86	34. 8		9 000 元及以上	30	12. 1
	大学	131	53	工作性质	国企	37	15. 0
	硕士及以上	9	3. 6		私企	70	28. 3
年龄	18 岁以下	22	8. 9		外企	8	3. 2
	18~29 岁	143	57. 9		行政事业单位	32	13. 0
	30~49 岁	77	31. 2		其他	100	40. 5
	50 岁及以上	5	2. 0	职业	职员	57	23. 1
月收入	小于 1 999 元	119	48. 2		教师/公务员	33	13. 4
	2 000~2 999 元	53	21. 5		个体	41	16. 6
	3 000~4 999 元	57	23. 1		退休	3	1. 2
	5 000 元及以上	18	7. 3		务工	44	17. 8
家庭人口	1 人	4	1. 6		其他	69	27. 9
	2 人	18	7. 3				
	3 人	132	53. 4				
	4 人及以上	93	37. 7				

9. 2　描述性分析

9. 2. 1　对生态旅游补偿的认知

调查数据显示，在对生态旅游资源保护与补偿的认知方面，247 份有效问卷中，选择对生态补偿不了解的共 74 份，占 30%；了解或非常了解的 173 份，占 70%。在对环境问题的关注方面，173 位受访者表示关注环境问题，占 70%。在生态补偿知识的获取方面，通过电视媒体了解生态环境及生态补偿知识的共 186 位，占 75. 3%。在对身边环境的认知方面，多数受访者对成都的生态环境表示认可，仅 29. 9%的受访者表示身边的环境差或者很差。生态旅游补偿的原因方面，多数受访者（62.2%）表示环境对健康的影响是主要原因；25.1%的受访者认为，生态补偿关系到后代的发展。关于生态补偿的责任，多数受访者（71.3%）表示生态保护与补偿是政府与社会双方的责任，只有9.7%的受访者认为仅仅是政府职责。关于生态旅游补偿的方式，受访者中选择征收生态税的共100位，占40.5%，选择差额水电费等补偿方式的66位，占26.7%。

从上述数据可以看出，多数受访者对生态旅游资源保护与补偿具有一定的认知，近年来我国电视等媒体的宣传，起到了巨大的推动作用；差额水电费的推广实施，关于生态税的讨论，都在一定程度上提高了公众的生态资源保护与补偿意识。

9.2.2　补偿意愿分析

对于生态旅游补偿的意愿调查显示，247名受访者中，仅有13名受访者表示不愿参与补偿，占5.2%；39.3%的受访者表示，愿意支付景点门票价格的5%以下作为生态旅游资源补偿费用；31.2%的受访者支付意愿为景点门票价格的5%~15%；另有24.3%的受访者支付意愿为景点门票价格的15%以上。

上述数据显示，多数受访者表示愿意参与生态补偿。访谈中，不愿意参与补偿的受访者表示，对于补偿不了解和对于生态补偿资金使用的担忧，是其拒绝进行生态补偿的主要原因。

9.2.3　支付意愿的影响因素分析

从调查数据看，受访者的年旅游时间、旅游支出、受教育程度、年龄、收入水平和对生态补偿的认知几个方面，对旅游生态补偿的支付意愿影响较大。

在旅游特征方面，年旅游时间超过5天的受访者中，支付意愿为景区门票价格15%以上的占58.3%；而年旅游时间不足2天的，该额度上的愿意支付比例仅为7%。年旅游支出超过2 000元的受访者中，愿意支付门票价格15%以上的占50%，同样高于低旅游支出者。访谈中，具有较高旅游倾向与旅游消费能力的受访者均表示，通过旅游活动加深了对自然的认知，同样增加了对生态旅游补偿的认同。

受教育程度方面，高学历的受访者一般具有较高的生态旅游补偿支付意愿。其中小学及以下学历的，不愿意和仅愿支付门票价格5%以下的占81%；大学学历中，愿意支付门票价格15%以上的占32%；仅有的9名硕士以上学历受访者，均愿意支付较高的补偿金额。

年龄方面，18~30岁的受访者对旅游生态补偿的支付意愿，明显大于其他年龄段。其在门票价格5%~15%和15%以上水平上，愿意支付的比例分别为35.1%和40.3%。访谈显示，该群体对生态旅游补偿的认知度和对未来的期望，是支付意愿较高的主要原因。

此外，收入水平和生态旅游补偿认知度较高的受访者，其支付意愿显著高于较低的受访者。一方面，对生态旅游补偿认知度的提高增加了他们对生态旅游资源保护与补偿的责任感；另一方面，较高的收入也使得他们参与生态旅游补偿成为可能。

9.3 支付意愿的回归分析

为了更深入解析四川生态旅游补偿的支付意愿，本书建立了逻辑回归模型，对调查数据进行实证分析。

9.3.1 模型及参数

为了分析不同因素对生态旅游补偿意愿的影响，本书建立了三元Logit模型，其中x_i为：年龄、性别、月收入、受教育程度、对生态旅游问题的关注度、对生态旅游补偿的认知和对身边环境的认知等13个变量；将因变量Y定义为对旅游生态补偿的支付意愿，并将景区门票价格5%以下水平（含不愿补偿）的支付意愿赋值为0.5，15%水平的支付意愿赋值为1，15%以上水平的支付意愿赋值为2，采用Logistic（方程Ⅰ）函数建立Logit模型（方程Ⅱ）：

$$p(x=j \mid x_i)=1/(1+e-(a+\beta_i)) \quad (\text{Ⅰ})$$

$$\mathrm{logit}(P_j)=\ln[p(y \leqslant j)/p(y>j+1)=aj=\beta X] \quad (\text{Ⅱ})$$

其中自变量为：$P_j=P(y=j)$，$j=0，1，2$；$X^T=(x_1，x_2，\cdots，x_i)^T$；对应的回归系数为：$\beta=\beta_1，\beta_2，\cdots，\beta_i$；截距为：$a=a_1，a_2，\cdots，a_i$。

j补偿水平的发生概率为（方程Ⅲ）：

$$p(y \leqslant j \mid x)=e-(a+\beta * x_i)/(1+e-(a+\beta * x_i)) \quad (\text{Ⅲ})$$

9.3.2 分析结果

采用SPSS13.0，以景区门票价格15%以上补偿水平为基准，对成都旅游生态补偿的支付意愿进行三元 Logit 回归分析，其结果显示模型的拟合度较好，其中卡方值为 267.829，显著性为 0.000。参数估计的结果显示，受访者对生态旅游补偿的认知、对生态旅游问题的关注度、年旅游时间、受教育程度和月收入的回归系数较大，且显著性水平较高。其中对生态旅游补偿的认知的回归系数为正，这说明具有较高取值的受访者更倾向于选择第一组补偿水平，反之生态补偿认知度低的受访者，更趋向于较低水平的补偿；年旅游时间、受教育程度、月收入的回归系数为负，表明年旅游时间越长、受教育水平越高、月收入越高的受访者，对生态旅游补偿具有更高的支付意愿（见表 9-2）。

表 9-2　参数估计

补偿意愿（a）	β	Sig.	Exp（β）	补偿意愿（a）	β	Sig.	Exp（β）
1Intercept	13.003	0.00		2Intercept	7.979	0.006	
生态补偿认知	3.906	0.00	49.69	生态补偿认知	1.718	0.001	5.571
生态问题关注	-1.761	0.037	0.172	生态问题关注	-1.527	0.043	0.217
身边环境认知	-0.56	0.108	0.571	身边环境认知	-0.439	0.098	0.645
年旅游时间	-2.755	0.00	0.064	年旅游时间	-1.577	0.00	0.207
旅游支出	1.228	0.019	3.414	旅游支出	0.844	0.044	2.326
性别	0.495	0.441	1.641	性别	0.665	0.199	1.944
受教育程度	-3.485	0.00	0.031	受教育程度	-2.359	0.00	0.094
年龄	-0.285	0.589	0.752	年龄	-0.098	0.814	0.906
月收入	-2.27	0.00	0.103	月收入	-1.15	0.001	0.317
家庭人口	0.277	0.586	1.319	家庭人口	0.88	0.033	2.411
家庭月收入	0.072	0.861	1.074	家庭月收入	0.051	0.881	1.053
工作性质	0.515	0.025	1.674	工作性质	0.384	0.041	1.468
职业	-0.071	0.703	0.931	职业	-0.057	0.715	0.945

实证分析结果与描述性分析结果基本一致，模型具有较高的可信度。可见，随着收入增加，人们更多地参与旅游活动和国民素质提高，公众对生态旅游补偿的支付意愿将会大幅提高；加大生态旅游知识的宣传力度，提高公众对生态旅游资源保护与补偿的认知，也可提高生态旅游补偿的支付意愿。

9.3.3　四川旅游生态补偿的额度

根据最大支付的原则，以门票价格的 5%作为 5%以下水平游客的实际支付意愿，门票价格的15%作为5%~15%水平上游客的支付意愿，以门票价格的20%作为15%以上水平游客的支付意愿，则四川生态旅游补偿的最大支付意愿为

$$E(WTP)=\sum P_i b_i = 0.115,\ i=(1,\ 2,\ 3)$$

其中，P_i 为愿意支付第 i 种水平的比例，b_i 为第 i 种支付水平。结果显示，四川省生态旅游补偿的最大支付意愿为门票价格的11.5%。2011年，四川省318个纳入统计的景区，门票收入总额29.09亿元①。据此，2011年四川省生态旅游补偿额度应为3.35亿元。

9.4 本章小结

对四川省生态旅游的补偿意愿进行的调查分析，结果显示，公众对生态旅游补偿的认知、月收入、受教育水平和年旅游时间，显著影响其对生态旅游补偿的支付意愿。提高国民收入、受教育水平，增加旅游的时间，可以提高公众对生态旅游补偿的支付意愿与水平。调查显示，成都居民对生态旅游补偿的支付意愿为景区门票价格的11.5%，以2011年统计数据计算，该年四川生态旅游补偿的额度应为3.35亿元。

① 数据来源：四川省旅游局统计年鉴。

10 结论与建议

10.1 结论

本书对国内外市场化生态补偿机制的案例进行了剖析，对川滇地区现有生态补偿机制和农业生产的生态价值进行了研究，对生态补偿的补偿主客体、补偿内容进行了界定，对川滇生态屏障地区市场化生态补偿的制度安排进行了设计，并对该机制的补偿额度进行了分析，得出以下结论：

10.1.1 川滇生态屏障地区亟须围绕农业和旅游业建立市场化生态补偿机制

生态资源的约束、环境的恶化已经成为我国经济社会发展的重要瓶颈，建立市场化生态补偿机制，利用市场进行生态资源的配置，实现生态产品与服务的有偿使用，是我国走可持续发展道路，建设资源节约、环境友好型社会的重要途径。

川滇生态屏障地区是我国农产品的传统产区，在全国农业中具有重要地位，同时也是我国生态旅游资源极为丰富的地区。该区域生态价值具有资源富集、存量大、战略地位高和民族文化价值丰富等特点。在该区域建立农业和旅游业市场化生态补偿机制，可以吸纳社会资金、鼓励多方参与补偿，从而解决目前川滇生态屏障地区农业生态补偿额度不足的问题，降低政府补偿的压力。这对于保障我国生态与粮食安全，促进收入再分配，实现共同富裕，建设农村美好家园，实现社会稳定与民族团结等方面具有重要意义，是实践“五位一体”战略的重要手段，是我国走可持续发展道路的必然选择。

10.1.2 市场化生态补偿机制应该具备多元参与、合理补偿和低制度成本的特点

通过对国内外市场化生态补偿机制的典型案例进行分析，可以看出，无论是发达国家还是发展中国家的市场化生态补偿机制中，补偿资金来源与补偿主体的多元化、市场定价、成本效益原则和严格的审核监督，都是其必备的特点。相关理论分析也表明，多元参与可以促进合理补偿额度的形成；明确的产权与较低的交易制度成本，是市场化生态补偿得以实现的重要保障。

10.1.3 完善生态补偿的相关法律法规体系，是建立市场化生态补偿的前提

由于区域农业生产过程中，其生态服务价值具有外部性，这种外部性只有通过建设法律法规，明确生态服务的产权，打造生态市场，才能实现生态补偿的市场化。美国的湿地银行补偿机制建立在404号法案基础上，德国的有机农业补偿、中国浙江嘉兴排污权交易，也无一例外地以一系列法律法规为基础。因此，法律法规建设，是实现市场化生态补偿的前提条件，也是实现农业生态服务价值市场补偿的前提条件。

10.1.4 补偿主体的基本特征影响农业市场化生态补偿额度

对城市消费者农业生态补偿支付意愿的回归分析显示，对生态环境的评价、对食品安全的关注、受访者受教育程度、受访者的年龄、受访者的收入水平以及对食品安全与环境保护的认识，对农业生态补偿支付意愿的影响较大。提高城市居民对生态补偿和食品安全的认知、收入水平、受教育程度，可以有效提高其在较高水平上的补偿支付意愿（5%~10%水平）。随着经济社会的发展，个人收入的提高，社会公众对农业生态补偿的支付意愿也将得到有效的提高。

10.1.5 市场化生态补偿可以成为农业生态补偿的主要形式

以目前我国实施规模最大的退耕还林补偿为参照，市场化生态补偿的额度远高于政府补偿的额度。其中退耕还林补偿额度为100~200元/亩，而速生林种植市场化生态补偿的额度约为800元/亩。可见，从补

偿额度看，农业市场化生态补偿可以取代政府补偿，成为农业生态补偿的主要形式。

10.2 政策建议

10.2.1 加强对生态补偿的宣传教育，尤其是农业生态补偿的宣传教育

本书对四川省农业生态补偿意愿的调查显示，社会公众对食品安全的认知，是市场化生态补偿机制建立与有效实施的重要保障，加强对生态补偿知识的宣传教育，尤其是电视等传媒的宣传，是建设生态文明的有效途径，也是影响生态补偿额度与实施效果的重要手段。因此，要建立农产品和生态旅游市场化生态补偿机制，对农业和生态旅游进行生态补偿，就必须加大对生态补偿知识的宣传教育。

10.2.2 建立完善资源有偿使用的法律体系

建立生态补偿机制是提高我国资源使用效率，解决资源瓶颈的有效工具，建立市场化生态补偿机制，充分利用市场在生态补偿资源配置中的作用，是解决生态补偿过程中政府失灵的重要途径。但是，市场化生态补偿机制的建立，必须解决生态资源交易的市场失灵问题，即生态价值的外部性问题。这就必须要建立完善生态资源有偿使用的法律法规体系，明确生态价值的产权，确定生态产品与服务的生产与使用过程中各个主体的责任。因此，法律法规体系的建立，是市场配置生态资源的保障，也是市场化生态补偿机制建立的重要内容。

10.2.3 制定实施生态资源使用总量控制的指标体系

生态资源使用的总量控制，是生态补偿的主要目的，也是市场化生态补偿机制发挥作用的前提。国内外市场化生态补偿的成功案例都是以生态指标的总量控制为前提的，只有建立总量控制指标，并进行分解，明确生态资源的产权，建立交易平台，通过指标交易，才能实现“谁开发、谁保护，谁破坏、谁恢复，谁受益、谁补偿，谁污染、谁付费”。农业市场化生态补偿机制的建立与发挥作用，同样必须以总量指标的建立与分解为前提，只有进行总量控制与具体指标约束，才能打造生态市

场，实现农业生态价值的市场交易，从而消除农业生产的外部性，实现对农业生产的生态补偿。

10.2.4 结合食品安全，构建农业生态补偿机制

食品安全是关系到国计民生的重要问题，我国已经建立了初步的食品安全体系框架。农业生态补偿不仅与食品安全息息相关，其监督、控制与补偿体系与食品安全体系更是有千丝万缕的联系。结合食品安全，构建农业生态补偿体系，一方面，可以减少生态补偿体系建设的制度成本，实现外部性的交易成本最低；另一方面，可以完善食品安全体系，达到食品安全与生态补偿相互促进。因此，结合食品安全，构建农业生态补偿体系，是实现农业生态补偿的有效途径。

参考文献

［1］ FOLEY J A, RAMANKUTTY N, et al. Solutions for a cultivated planet ［J］. Nature. 2011, 478 (7369): 337-342.

［2］ FARBER S C, COSTANZA R, WILSON M A. Economic and ecological concepts for valuing ecosystem services ［J］. Ecological Economics, 2002 (3): 375-392.

［3］ MORRIS J, MILLS J, BURTON R G O, et al. WetFens for the Future. Feasibility Study Phase 2—A Study of the Socio-Economic and Soil Management Implications of Creating New Wetlands in Fenland ［M］. Cranfield University, Schoolof Agriculture, Food and Environment, Silsoe, Bedford, UK, 1996: 166.

［4］ BLIGNAUT J N, ARONSON J. Getting serious about maintaining biodiversity ［J］. Conservation Letters, 2008, 1 (1): 12-17.

［5］ BARAL N, STERN M J, BHATTARAI R. Contingent valuation of ecotourism in Annapurna conservation area, Nepal: Implications for sustainable park finance and local development ［J］. Ecological Economics, 2008, 66 (3): 218-227.

［6］ NOORDWIJK M, CHANDLER F, TOMICH T P. An Introduction to the Conceptual Basis of RUPES ［R］. ICRAF, 2004.

［7］ CLAASSEN R, CATTANEO A, JOHANSSON R. Cost-effective design of agri-environmental payment programs: U. S. experience in theory and practice ［J］. Ecological Economics, 2008, 54 (4): 737-752.

［8］ VALLAURI D, DUDLEY N. Stephanie Mansourian ［M］. Springer, 2005.

［9］ FREYFOGLE E T. On private property : finding common ground on the ownership of land ［M］. Beacon Press, 2007.

［10］ OECD. Paying for biodiversity ［M］. OECD, 2010.

［11］ STUTTE G W, YORIO N C, WHEELER R M. Interacting effects of photoperiod and photosynthetic photon flux on net carbon assimilation and starch accumulation in potato leaves [J]. Journal of the American Society for Horticultural Science. American Society for Horticultural Science, 1996, 121 (2): 264.

[12] PRODON R, THIBAULT J C, DEJAIFVE P A. Expansion vs compression of bird altitudinal ranges on a Mediterranean island [J]. Ecology, 2002, 83 (5): 1294-1306

[13] RAMIREZ O A, et al. Economic value of the carbon sink services of tropical secondary forests and its management implications [J]. Environmental & Resource Economics, 2002. 21 (1): 23-46.

[14] SOGARD S M, OLLA B L. Contrasts in the capacity and underlying mechanisms for compensatory growth in two pelagic marine fishes [J]. Marine Ecology-Progress Series, 2002, 243: 165-177.

[15] SUPALLA R, et al. A game theory approach to deciding who will supply instream flow water [J]. Journal of the American Water Resources Association, 2002, 38 (4): 959-966.

[16] ROBINSON-WOLRATH S I, OWENS I. Large size in an island-dwelling bird: intraspecific competition and the Dominance Hypothesis [J]. Journal of Evolutionary Biology, 2003, 16 (6): 1106-1114.

[17] WHITLOCK M C, GRISWOLD C K, PETERS A D. Compensating for the meltdown: The critical effective size of a population with deleterious and compensatory mutations [J]. Annales Zoologici Fennici, 2003, 40 (2): 169-183.

[18] WRIGHT S J. The myriad consequences of hunting for vertebrates and plants in tropical forests [J]. Perspectives in Plant Ecology Evolution and Systematics, 2003, 6 (1-2): 73-86.

[19] ACINAS S G, et al. Fine-scale phylogenetic architecture of a complex bacterial community [J]. Nature, 2004, 430 (6999): 551-554.

[20] DE BLOCK M, STOKS R. Life history responses depend on timing of cannibalism in a damselfly [J]. Freshwater Biology, 2004, 49 (6): 775-786.

[21] BULTE E H, RONDEAU D. Why compensating wildlife damages may be bad for conservation [J]. Journal of Wildlife Management, 2005, 69 (1): 14-19.

[22] CHERNOV Y I. Species diversity and compensatory phenomena in communities and biotic systems [J]. Zoologichesky Zhurnal, 2005, 84 (10): 1221-1238.

[23] OLSCHEWSKI R, BENITEZ P C. Secondary forests as temporary carbon sinks? The economic impact of accounting methods on reforestation projects in the tropics [J]. Ecological Economics, 2005, 55 (3): 380-394.

[24] POERTNER H O. Climate-dependent evolution of Antarctic ectotherms: An integrative analysis [J]. Deep-Sea Research Part Ii-Topical Studies in Oceanography, 2006, 53 (8-10): 1071-1104.

[25] HE D, et al. Transboundary eco-security and its regulation system in the Longitudinal Range-Gorge Region [J]. Chinese Science Bulletin, 2007, 52: 1-9.

[26] XU J Y, et al. Sustainability evaluation of the grain for green project: From local people's responses to ecological effectiveness in wolong nature reserve [J]. Environmental Management, 2007, 40 (1): 113-122.

[27] ABE H, HASEGAWA M. Impact of volcanic activity on a plant-pollinator module in an island ecosystem: the example of the association of Camellia japonica and Zosterops japonica [J]. Ecological Research, 2008, 23 (1): 141-150.

[28] GOWATY P A, Reproductive compensation [J]. Journal of Evolutionary Biology, 2008, 21 (5): 1189-1200.

[29] MILROY S P, et al. A three-dimensional biophysical model of Karenia brevis dynamics on the west Florida shelf: A look at physical transport and potential zooplankton grazing controls [J]. Continental Shelf Research, 2008, 28 (1): 112-136.

[30] ROBERTSON M HAYDEN N. Evaluation of a market in wetland credits: Entrepreneurial wetland banking in Chicago [J]. Conservation Biology, 2008, 22 (3): 636-646.

[31] SOLOMON K R. Effects of ozone depletion and UV-B radiation on humans and the environment [J]. Atmosphere-Ocean, 2008, 46 (1): 185-202.

[32] STEINBERG C E W, et al. Humic substances [J]. Environmental Science and Pollution Research, 2008, 15 (2): 128-135.

[33] WAGMAN J B. Perception-action as reciprocal, continuous, and prospective [J]. Behavioral and Brain Sciences, 2008, 31 (2): 219.

[34] WILLS K E, CLARKE P J. Plant trait-environmental linkages among contrasting landscapes and climate regimes in temperate eucalypt woodlands [J]. Australian Journal of Botany, 2008, 56 (5): 422-432.

[35] DAI L, et al. China's Classification-Based Forest Management: Procedures, Problems, and Prospects [J]. Environmental Management, 2009, 43 (6): 1162-1173.

[36] Huang S, et al. Estimating the quantity and quality of coarse woody debris in Yellowstone post-fire forest ecosystem from fusion of SAR and optical data [J]. Remote Sensing of Environment, 2009, 113 (9): 1926-1938.

[37] HUGHES S J, et al. Ecological assessment of an intermittent Mediterranean river using community structure and function: evaluating the role of different organism groups [J]. Freshwater Biology, 2009, 54 (11): 2383-2400.

[38] HURD H. Evolutionary Drivers of Parasite-Induced Changes in Insect Life-History Traits: From Theory to Underlying Mechanisms [J]. Advances in Parasitology, 2009, 68: 85-110.

[39] IRWIN R E. Realized tolerance to nectar robbing: compensation to floral enemies in Ipomopsis aggregate [J]. Annals of Botany, 2009, 103 (9): 1425-1433.

[40] MABERLY S C, et al. INORGANIC CARBON ACQUISITION BY CHRYSOPHYTES [J]. Journal of Phycology, 2009, 45 (5): 1052-1061.

[41] S N SHEREMET'EV, GAMALEI Y V. Trends of the Herbs Ecological Evolution [J]. Zhurnal Obshchei Biologii, 2009, 70 (6): 459-483.

[42] SWAGEMAKERS P, HAN W, PLOEG J. Linking birds, fields and farmers [J]. Journal of Environmental Management, 2009, 90: 185-192.

[43] WILLIAMS S E, et al. Ecological specialization and population size in a biodiversity hotspot: How rare species avoid extinction [J]. Proceedings of the National Academy of Sciences of the United States of America, 2009. 106: 19737-19741.

[44] WINFREE R, KREMEN C. Are ecosystem services stabilized by differences among species? A test using crop pollination [J]. Proceedings of the Royal Society B-Biological Sciences, 2009, 276 (1655): 229-237.

[45] KLAVSEN S K, MABERLY S C. Effect of light and CO2 on inorganic carbon uptake in the invasive aquatic CAM-plant Crassula helmsii [J]. Functional Plant Biology, 2010. 37 (8): 737-747.

[46] FORNONI J. Ecological and evolutionary implications of plant tolerance to herbivory [J]. Functional Ecology, 2011, 25 (2): 399-407.

[47] PARKER B J, et al. Non-immunological defense in an evolutionary framework [J]. Trends in Ecology & Evolution, 2011, 26 (5): 242-248.

[48] HALITSCHKE R, HAMILTON J G, KESSLER A. Herbivore-specific elicitation of photosynthesis by mirid bug salivary secretions in the wild tobacco Nicotiana attenuates [J]. New Phytologist, 2011, 191 (2): 528-535.

[49] MURADIAN R, et al. Reconciling theory and practice: An alternative conceptual framework for understanding payments for environmental services [J]. Ecological Economics, 2010, 69 (6): 1202-1208.

[50] REDFORD K H, ADAMS W M. Payment for Ecosystem Services and the Challenge of Saving Nature [J]. Conservation Biology, 2009, 23 (4): 785-787.

[51] BOHLEN P J, et al. Paying for environmental services from agricultural lands: an example from the northern Everglades [J]. Frontiers in Ecology and the Environment, 2009, 7 (1).

[52] DAILY G, et al. Ecosystem services in decision making: time to deliver [J]. Frontiers in Ecology and the Environment, 2009, 7 (1): 21-28.

[53] LEVREL H, PIOCH S, SPIELER R. Compensatory mitigation in marine ecosystems: Which indicators for assessing the "no net loss" goal of ecosystem services and ecological functions? [J]. Marine Policy, 2012, 36 (6): 1202-1210.

[54] KAMPMANN D, et al.. Agri-environment scheme protects diversity of mountain grassland species [J]. Land Use Policy, 2012, 29 (3): 569-576.

[55] 杜受祜. 健全生态补偿机制提升生态建设成果 [J]. 四川省情, 2007 (1): 21-22.

[56] 邓玲. 生态文明发展战略区域实现途径研究 [J]. 原生态民族文化学刊, 2009, 1 (1): 26-29.

[57] 张文秀. 西部少数民族牧区生产问题及对策分析: 基于川甘青三省六县的牧区调查 [J]. 西南民族大学学报 (人文社科版), 2009 (10): 50-54.

[58] 冉瑞平. 论完善退耕还林生态补偿机制 [J]. 生态环境 (学术

版），2007（1）：299-301，308.

［59］张诚谦. 论可更新资源的有偿利用［J］. 农业现代化研究，1987（5）：22-24.

［60］胡仪元. 西部生态经济开发的利益补偿机制［J］. 社会科学辑刊，2005（2）：81-85.

［61］王健. 我国生态补偿机制的现状及管理体制创新［J］. 中国行政管理，2007（11）：87-91.

［62］孙新章，周海林. 我国生态补偿制度建设的突出问题与重大战略对策［J］. 中国人口·资源与环境，2008（5）：139-143.

［63］杨光梅，闵庆文，李文华，等. 基于CVM方法分析牧民对禁牧政策的受偿意愿：以锡林郭勒草原为例［J］. 生态环境，2006（4）：747-751.

［64］王爱华. 公平观视角下的生态文明建设［J］. 毛泽东邓小平理论研究，2012（12）：22-26，109.

［65］严海，刘晓莉. 草原生态补偿的理论蕴含：以生态管理契约正义为视角［J］. 广西社会科学，2018（10）：107-112.

［66］张诚谦. 论可更新资源的有偿利用［J］. 农业现代化研究，1987（5）：22-24.

［67］郭志建，葛颜祥. 流域生态补偿中的委托代理机制研究［J］. 软科学，2012，26（12）：74-77，82.

［68］曹莉萍，周冯琦. 我国生态公平理论研究动态与展望［J］. 经济学家，2016（8）：95-104.

［69］张陆彪，郑海霞. 流域生态服务市场的研究进展与形成机制［J］. 环境保护，2004（12）：38-43.

［70］段铸，程颖慧. 基于生态足迹理论的京津冀横向生态补偿机制研究［J］. 工业技术经济，2016，35（5）：112-118.

［71］李晓燕. 民族地区农业生态环境补偿及其制度研究［J］. 青海民族研究，2016，27（1）：209-212.

［72］熊凯，孔凡斌. 基于生态系统服务功能价值的鄱阳湖湿地生态补偿标准研究［J］. 农林经济管理学报，2014，13（6）：669-677.

［73］刘薇. 市场化生态补偿机制的基本框架与运行模式［J］. 经济纵横，2014（12）：37-40.

［74］谭秋成. 资源的价值及生态补偿标准和方式：资兴东江湖案例［J］. 中国人口·资源与环境，2014，24（12）：6-13.

［75］姜宏瑶，温亚利. 基于WTA的湿地周边农户受偿意愿及影响因素研究［J］. 长江流域资源与环境，2011，20（4）：489-494.

[76] 李芬，甄霖，黄河清，等. 土地利用功能变化与利益相关者受偿意愿及经济补偿研究：以鄱阳湖生态脆弱区为例 [J]. 资源科学，2009，31（4）：580-589.

[77] 熊鹰，王克林，蓝万炼，等. 洞庭湖区湿地恢复的生态补偿效应评估 [J]. 地理学报，2004（5）：772-780.

[78] 韦惠兰，葛磊. 自然保护区生态补偿问题研究 [J]. 环境保护，2008（2）：43-45.

[79] 周映华. 流域生态补偿及其模式初探 [J]. 水利发展研究，2008（3）：11-16.

[80] 邓培雁，刘威，曾宝强. 湿地退化的外部性成因及其生态补偿建议 [J]. 生态经济，2009（3）：148-150，155.

[81] 冯艳芬，王芳，杨木壮. 生态补偿标准研究 [J]. 地理与地理信息科学，2009，25（4）：84-88.

[82] 耿涌，戚瑞，张攀. 基于水足迹的流域生态补偿标准模型研究 [J]. 中国人口·资源与环境，2009，19（6）：11-16.

[83] 贺思源. 湿地资源生态补偿机制探析 [J]. 学术界，2009（6）：76-82.

[84] 卢艳丽，丁四保. 国外生态补偿的实践及对我国的借鉴与启示 [J]. 世界地理研究，2009，18（3）：161-168.

[85] 吕志祥，刘嘉尧. 西部生态补偿制度缺失及重构 [J]. 商业研究，2009（11）：180-182.

[86] 王蓓蓓. 流域生态补偿模式及其创新研究 [D]. 泰安：山东农业大学，2010.

[87] 王立群，王秋菊，我国生态购买的研究进展与展望 [J]. 北京林业大学学报（社会科学版），2009（4）：137-141.

[88] 信欣. 城市化进程中的生态问题与生态补偿 [J]. 城市问题，2009（8）：66-70.

[89] 钟方雷，徐中民，李兴文. 美国生态补偿财政项目的理论与实践 [J]. 财会研究，2009（18）：12-17.

[90] 王贵华，方秦华，张珞平. 流域生态补偿途径研究进展 [J]. 浙江万里学院学报，2010（2）：42-47.

[91] 王让会，薛英，宁虎森，等. 基于生态风险评价的流域生态补偿策略 [J]. 干旱区资源与环境，2010，24（8）：1-5.

[92] 杨国霞. 我国生态补偿标准研究综述 [J]. 黑龙江生态工程职业学院学报，2010，23（1）：3-5.

[93] 甄霖，刘雪林，李芬，等. 脆弱生态区生态系统服务消费与

生态补偿研究：进展与挑战 [J]. 资源科学，2010，32（5）：797-803.

[94] 郑海霞. 关于流域生态补偿机制与模式研究 [J]. 云南师范大学学报（哲学社会科学版），2010，42（5）：54-60.

[95] 朱桂香. 南水北调中线水源区生态补偿内涵及补偿机制建立 [J]. 林业经济，2010（9）：89-93.

[96] 张燕，庞标丹，马越. 我国农业生态补偿法律制度之探讨 [J]. 华中农业大学学报（社会科学版），2011（4）：67-72.

[97] 孙根紧，何婧. 中国生态补偿研究综述 [J]. 商业时代，2011（12）：100-102.

[98] 沈中印，孙冬英，杨云仙. 鄱阳湖生态水利枢纽工程建设下湖口区段生态补偿机制研究 [J]. 生态经济，2011（6）：168-171.

[99] 牛海鹏. 耕地保护经济补偿运行机制及补偿效应分析 [J]. 地域研究与开发，2011，30（2）：137-142.

[100] 李立，蔡运涛. 农业生态补偿支持保障机制研究 [J]. 行政事业资产与财务，2011（6）：110-111.

[101] 接玉梅，葛颜祥，徐光丽. 黄河下游居民生态补偿认知程度及支付意愿分析：基于对山东省的问卷调查 [J]. 农业经济问题，2011，32（8）：95-101.

[102] 曹爱红，韩伯棠，齐安甜. 中国资源税改革的政策研究 [J]. 中国人口·资源与环境，2011，21（6）：158-163.

[103] 孟慧君，程秀丽. 草原生态建设补偿机制研究：问题、成因、对策 [J]. 内蒙古大学学报（哲学社会科学版），2010，42（2）：15-20.

[104] 刘尊梅，韩学平. 基于生态补偿的耕地保护经济补偿机制构建 [J]. 商业研究，2010（10）：141-144.

[105] 孔凡斌. 生态补偿机制国际研究进展及中国政策选择 [J]. 中国地质大学学报（社会科学版），2010，10（2）：1-5，11.

[106] 孔凡斌. 建立和完善我国生态环境补偿财政机制研究 [J]. 经济地理，2010，30（8）：1360-1366.

[107] 裴秀丽. 我国森林生态补偿资金来源问题研究：对哥斯达黎加森林生态补偿经验的借鉴 [J]. 黑龙江生态工程职业学院学报，2010，23（2）：1-3.

[108] 丁敏. 哥斯达黎加的森林生态补偿制度 [J]. 世界环境，2007（6）：66-69.

[109] 黄德春，郭弘翔. 长三角跨界水污染排污权交易机制构建研究 [J]. 华东经济管理，2010，24（5）：52-54.

[110] 胡熠，黎元生. 论生态资本经营与生态服务补偿机制构建 [J]. 福建师范大学学报（哲学社会科学版），2010（4）：11-16.

[111] 范弢. 滇池流域水生态补偿机制及政策建议研究 [J]. 生态经济，2010（1）：154-158.

[112] 汤吉军. 生态环境资源定价与补偿机制设计：一种实物期权方法 [J]. 中国人口·资源与环境，2009，19（6）：7-10.

[113] 孙继华，张杰. 中国生态补偿机制概念研究综述 [J]. 生态经济（学术版），2009（2）：82-84.

[114] 牛海鹏，张安录，李明秋. 耕地利用效益体系与耕地保护的经济补偿机制重构 [J]. 农业现代化研究，2009，30（2）：164-167.

[115] 李文国，魏玉芝. 生态补偿机制的经济学理论基础及中国的研究现状 [J]. 渤海大学学报（哲学社会科学版），2008（3）：114-118.

[116] 崔金星，石江水. 西部生态补偿理论解释与法律机制构造研究 [J]. 西南科技大学学报（哲学社会科学版），2008，25（6）：8-16.

[117] 张干. 对我国西部地区建立生态环境补偿机制的思考 [J]. 生态经济，2006（9）：127-130.

[118] 王欧. 退牧还草地区生态补偿机制研究 [J]. 中国人口·资源与环境，2006. 16（4）：33-38.

[119] 马国强. 生态投资与生态资源补偿机制的构建 [J]. 中南财经政法大学学报，2006（4）：39-44.

[120] 毛显强，钟瑜，张胜. 生态补偿的理论探讨 [J]. 中国人口资源与环境，2002（4）：40-43.

[121] 赖力，黄贤金，刘伟良. 生态补偿理论、方法研究进展 [J]. 生态学报，2002（6）：2870-2877.

[122] 侯向阳，杨理，韩颖. 实施草原生态补偿的意义、趋势和建议 [J]. 中国草地学报，2008（5）：1-8.

[123] 沈满洪，杨天. 生态补偿机制的三大理论基石 [N]. 中国环境报，2004-03-02.

[124] 曹小玉，刘悦翠. 中国森林生态效益市场化补偿途径探析 [J]. 林业经济问题，2011，31（1）：16-19.

[125] 刘诗宇，张雪娇. 基于 CDM 林业碳汇的石漠化地区扶贫开发生态路径探讨 [J]. 商业时代，2011（23）：142-143.

[126] 沈文星，戴明辉. 森林产品贸易与可持续发展：一个生态文明观的研究综述 [J]. 世界林业研究，2010，23（6）：1-7.

[127] 齐岩，吴保国. 碳汇林业的木材收益与碳汇收益评价的实证

分析［J］. 中国社会科学院研究生院学报，2011（4）：60-64.

［128］刘国斌，许义娇. 西部地区县域经济低碳化发展探析［J］. 经济纵横，2011（5）：55-58.

［129］陈英. 重庆发展低碳经济的战略思考［J］. 重庆大学学报（社会科学版），2011，17（4）：33-40.

［130］曾以禹，张晓静，戴广翠. "森林碳汇在森林可持续经营中的作用"会议综述［J］. 林业经济，2010（8）：125-128.

［131］何沙，邓璨. 国外生态补偿机制对我国的启发［J］. 西南石油大学学报（社会科学版），2010，3（4）：66-69，127.

［132］乐波. 欧盟的农业环境保护政策［J］. 湖北社会科学，2007（3）：97-100.

［133］周玉新. 发达国家农业环境保护政策的特征及启示［J］. 生产力研究，2011（9）：133-134，129.

［134］张铁亮，高尚宾，周莉. 德国农业环境保护特点与启示［J］. 环境保护，2012（5）：76-79.

［135］洪玫. 森林碳汇产业化初探［J］. 生态经济，2011（1）：113-115，124.

［136］田明华，等. 中国大力增加森林碳汇中的几个问题［J］. 林业经济，2011（7）：28-32.

［137］刘芳，杨海霞. 比较法视角下中国的生态损害责任：从国外的生态损害补偿谈起［C］//全国环境资源法学研讨会，2007.

［138］邢可霞，王青立. 德国农业生态补偿及其对中国农业环境保护的启示［J］. 农业环境与发展，2007（1）：1-3.

［139］王世群. 美国农业环境保护政策及其借鉴［J］. 环境保护，2010（17）：64-65.

［140］钟方雷，徐中民，李兴文. 美国生态补偿财政项目的理论与实践［J］. 财会研究，2009（18）：12-17.

［141］彭诗言. 国际生态服务付费的经验借鉴［J］. 前沿，2011（12）：196-200.

［142］赵玉山，朱桂香. 国外流域生态补偿的实践模式及对中国的借鉴意义［J］. 世界农业，2008（4）：14-17.

［143］平树水. 美国在农业环境保护上的新举措［J］. 农业环境与发展，2002（1）：41-42.

［144］彭亮太. 浅谈国外农业环境保护的特点：以美国、日本和德国为例［J］. 人民论坛，2011（8）：140-141.

［145］卢艳丽，丁四保. 国外生态补偿的实践及对我国的借鉴与启

示［J］. 世界地理研究，2009，18（3）：161-168.

［146］栗晏，赖庆奎. 国外社区参与生态补偿的实践及经验［J］. 林业与社会，2005（4）：40-44.

［147］杨欣，蔡银莺. 国内外农田生态补偿的方式及其选择［J］. 中国人口·资源与环境，2011，21（2），472-476.

［148］杜受祜. 环境经济学［M］. 2 版. 北京：中国大百科全书出版社，2008.

［149］杜受祜. 民族地区西部大开发效应研究［M］. 北京：中国大百科全书出版社，2011.

［150］杜衡. 气候挑战解决方案［M］. 北京：社会科学文献出版社，2012.

［151］万本太，邹首民. 走向实践的生态补偿［M］. 北京：中国环境科学出版社，2008.

［152］闫伟. 区域生态补偿体系研究［M］. 北京：经济科学出版社，2008.

［153］孔凡斌. 中国生态补偿机制理论、实践与政策设计［M］. 北京：中国环境科学出版社，2010.

［154］秦玉才. 流域生态补偿与生态补偿立法研究［M］. 北京：社科文献出版社，2011.

［155］中国 21 世纪议程管理中心. 生态补偿原理与应用［M］. 北京：社会科学文献出版社，2009.

［156］陈冰波. 主体功能区生态补偿［M］. 北京：社会科学文献出版社，2008.

［157］周立功. 市场营销学［M］. 北京：清华大学出版社，2011.

［158］威伯. 多元统计分析方法［M］. 王煦逸，译. 上海：上海人民出版社，2008.

［159］丁希滨. 山东省森林生态效益补偿机制研究［D］. 泰安：山东农业大学，2006.

［160］张蓝青. 长江上游地区生态补偿机制研究［D］. 成都：西南财经大学，2006.

［161］邓新杰. 异地开发：一种有效的区域生态补偿机制［D］. 金华：浙江师范大学，2007.

［162］施晓亮. 区域经济均衡发展中的生态补偿机制研究：以宁波象山港区域为例［D］. 上海：复旦大学，2007.

［163］陈兆开. 流域水资源生态补偿制度创新研究：理论框架、制度透视与创新构想［D］. 南京：河海大学，2008.

［164］黄文清．西部地区“一退两还”后补偿机制研究［D］．武汉：华中农业大学，2008.

［165］郎劢贤．我国饮用水源地生态补偿法律机制研究：以密云水库为例［D］．南京：河海大学，2008.

［166］王宁军．中国西部生态补偿法律制度研究［D］．咸阳：西北农林科技大学，2008.

［167］鲍俊．湿地恢复工程生态服务评价与生态补偿研究［D］．南京：南京林业大学，2009.

［168］江秀娟．生态补偿类型与方式研究［D］．青岛：中国海洋大学，2010.

［169］周劲松．我国生态补偿法律制度研究［D］．哈尔滨市：黑龙江大学，2010.

［170］邹婷．水源区生态环境质量评估和流域生态补偿方法研究：以淠史杭灌区为例［D］．合肥：合肥工业大学，2010.

［171］陈雪．水电开发的生态补偿理论与应用研究［D］．成都：西南交通大学，2010.

［172］郭然．中国草原生态系统生产力、碳储量与固碳潜力研究［D］．北京：中国科学院，2006.

［173］程许东．曹娥江流域生态补偿机制研究［D］．上海：上海交通大学，2009.

［174］曙光．草原生态服务补偿机制研究：以锡林浩特市为例［D］．呼和浩特：内蒙古农业大学，2009.

［175］王珍．福建省沿海木麻黄防护林生态系统服务功能及其评价［D］．福州：福建农林大学，2010.

［176］胡珀．甘南藏族自治州生态环境安全研究［D］．兰州：兰州大学，2008.

［177］韦钟华．政府主导下的生态补偿制度研究［D］．南宁：广西大学，2010.

［178］陈永林．主体功能区划中对生态补偿区的生态经济援助研究［D］．长春：东北师范大学，2009.

［179］张涛．限制开发区生态补偿机制研究［D］．武汉：中南民族大学，2010.

［180］萨础日娜．我国民族自治区生态补偿机制研究［D］．北京：中央民族大学，2009.

附　录

附录 1　调查问卷

生态农产品补偿最大支付意愿调查问卷

先生/女士：

您好！非常感谢您在百忙之中填写此份问卷！

本研究的课题是“市场化生态补偿机制研究”，本调查问卷的目的是：从食品安全与生态保护出发，探寻生态农产品补偿的途径。

您所填写的所有信息，只作为研究之用，并且绝对保密。

四川农业大学经管院

一、环境保护与生态补偿认知

1. 您的职业（或专业）与环境保护是否有联系？

①是；②否

2. 您对生态环境保护的知识：

①非常了解；②了解一些；③一点都不了解

3. 您是否经常关注生态环境问题？

①是；②否

4. 您了解生态知识的渠道：

①电视；②报纸；③书籍；④其他

5. 您认为身边的环境：

①非常好；②很好；③尚可；④很差；⑤非常差

6. 您认为保护、改善环境应该是：

①政府责任；②社会责任；③双方责任

7. 您认为政府在环境方面投入：

①太多；②尚可；③太少

8. 您认为政府在环境方面法规措施：

①太多；②尚可；③太少

9. 您认为政府在环境方面宣传：

①太多；②尚可；③太少

10. 您认为是否应该对环境保护者进行经济补偿？

①是；②否

补偿的原因是因为环境：

①关系健康；②影响心情；③影响后代

您愿意以哪种方式补偿？

①捐款；②差额水电费；③环保税；④环保彩票；⑤其他：______

二、食品安全认知

11. 您的职业（或专业）与食品安全是否有联系？

①是；②否

12. 您对食品安全：

①非常了解；②了解一些；③一点都不了解

13. 您是否经常关注食品问题？

①是；②否

14. 您认为食品安全应该是：

①政府责任；②社会责任；③双方责任

15. 您认为食品安全与环境保护：

①相关；②关系不大；③无关

三、支付意愿调查

16. 您愿意每月支付的生态费用金额：__________元

17. 您认为是否应该征收生态税？

①是；②否

您认为生态税应该为个人收入的：

①3%以下；②3%~5%；③5%~10%；④10%~15%

如果购买生态产品可以抵税，该比例应为：

①3%以下；②3%~5%；③5%~10%；④10%~15%；⑤15%~20%；⑥20%以上

18. 您认为生态农产品价格是否应该高于普通产品？

①是；②否

如果应该高，高出比例应为：

①3%以下；②3%~5%；③5%~10%；④10%~15%

如果购买生态农产品可以抵税，该比例应为：

①3%以下；②3%～5%；③5%～10%；④10%～15%；⑤15%～20%；⑥20%以上

19. 您认为是否应该出售环保彩票？

①是；②否

四、基本情况

20. 性别：

①男；②女

21. 受教育程度：

①小学及以下；②中学；③大学；④硕士及以上

22. 年龄：

①18 岁以下；②18～29 岁 ③30～49 岁 ④50 岁及以上

23. 个人月收入：

①小于 2 000 元 ②2 000～2 999 元 ③3 000～4 999 元 ④5000 元及以上

24. 家庭人口数：

①1 人；②2 人；③3 人；④4 人及以上

25. 家庭月收入：

①小于 3 000 元；②3 000～5 999 元；③6 000～8 999 元；④9 000 元及以上

26. 工作单位性质：

①国企；②私企；③外企；④行政事业单位；⑤其他

27. 从事职业：

①职员；②教师/公务员；③个体；④退休；⑤务工；⑥待业

县：__________乡：__________村：__________

生态农产品补偿最小接受意愿调查问卷

先生/女士：

您好！非常感谢您在百忙之中填写此份问卷！

本研究的课题是“市场化生态补偿机制研究”，本调查问卷目的是：从食品安全与生态保护出发，探寻生态农产品补偿的途径。

您所填写的所有信息，只作为研究之用，并且绝对保密。

四川农业大学经管院

一、基本情况

1. 民族：__________

2. 性别：

①男；②女

3. 年龄：

①18 岁以下　②18~29 岁　③30~49 岁　④50 岁及以上

4. 受教育程度：

①小学及以下；②初中；③高中；④大学及以上

5. 家庭人口数：

①1 人；②2 人；③3 人；④4 人；⑤其他

6. 家庭年人均收入：

①2 000 元以下；②2 000~4 999 元；③5 000~7 999 元；④8 000 元及以上

7. 主要收入来源：

①务农；②外出务工；③自主经营；④其他

8. 家庭年种植业收入：__________元，家庭年养殖业收入：__________元，家庭年务工收入：__________元。

其他收入来源：__________，金额：__________元。

二、环境保护及生态补偿的认知

9. 您对环境保护的知识的了解：

①非常了解；②了解一些；③一点都不了解

您了解环境保护知识的渠道：

①电视；②报纸；③书籍；④其他

您认为保护环境：

①非常重要；②重要；③不太重要

10. 您对生态补偿的知识：
①非常了解；②了解一些；③一点都不了解
您了解生态补偿知识的渠道：
①电视；②报纸；③书籍；④其他
11. 您认为近几年您家的耕地（草场）质量：
①变好了；②没有变化；③变差了
12. 您认为您周边的树木：
①增加了；②没有变化；③减少了
13. 您感觉您附近的河流水量：
①变大了；②没有变化；③变小了
14. 您认为您附近的河流水质：
①变好了；②没有变化；③变差了
15. 您有没有参与测土配方施肥？
①有；②没有
您认为该项目：
①没用；②能增收
16. 您有没有参与退耕还林（草）？
①有；②没有
你认为该项目：
①很好；②不好；③还需要改进
17. 您有没有种植生态或有机农产品（使用生物防控技术等）？
①有；②没有
18. 您有没有参与生态养殖项目（循环农业，放养土鸡等）？
①有；②没有
19. 您有没有参与保护环境的活动（如植树、保护野生动物等）？
①经常；②偶尔；③从未

三、食品安全认知

20. 您对食品安全：
①非常了解；②了解一些；③一点都不了解
您认为食品安全与环境保护：
①相关；②无关；③关系不大
21. 您认为使用化肥种植的农作物是否对身体有害？
①是；②否
22. 您认为使用农药种植的农作物是否对身体有害？
①是；②否

四、最小接受补偿意愿

23. 如果您在种植农作物时不使用农药、化肥，您家庭的收入会减少__________元。

24. 如果提高农作物价格，您是否会减少或不使用农药、化肥？

①是；②否

如果不使用农药、化肥，您认为农产品价格应该提高：

①3%以下；②3%～5%；③5%～10%；④10%～15%；⑤15%～20%；⑥20%以上

25. 如果您家中的牲畜数量减少10%，以保护生态环境，您认为应该给您__________元补偿。

26. 如果提高牲畜价格，您是否会减少牲畜数量以保护环境？

①会；②不会

如果您家中的牲畜数量减少10%，您认为牲畜价格应该提高：

①3%以下；②3%～5%；③5%～10%；④10%～15%；⑤15%～20%；⑥20%以上

附录2　国务院办公厅关于健全生态保护补偿机制的意见

国务院办公厅关于健全生态保护补偿机制的意见

国办发〔2016〕31号

各省、自治区、直辖市人民政府，国务院各部委、各直属机构：

实施生态保护补偿是调动各方积极性、保护好生态环境的重要手段，是生态文明制度建设的重要内容。近年来，各地区、各有关部门有序推进生态保护补偿机制建设，取得了阶段性进展。但总体看，生态保护补偿的范围仍然偏小、标准偏低，保护者和受益者良性互动的体制机制尚不完善，一定程度上影响了生态环境保护措施行动的成效。为进一步健全生态保护补偿机制，加快推进生态文明建设，经党中央、国务院同意，现提出以下意见：

一、总体要求

（一）指导思想。全面贯彻党的十八大和十八届三中、四中、五中全会精神，深入贯彻习近平总书记系列重要讲话精神，坚持“四个全面”战略布局，牢固树立创新、协调、绿色、开放、共享的发展理念，按照党中央、国务院决策部署，不断完善转移支付制度，探索建立多元化生态保护补偿机制，逐步扩大补偿范围，合理提高补偿标准，有效调动全社会参与生态环境保护的积极性，促进生态文明建设迈上新台阶。

（二）基本原则。

权责统一、合理补偿。谁受益、谁补偿。科学界定保护者与受益者权利义务，推进生态保护补偿标准体系和沟通协调平台建设，加快形成受益者付费、保护者得到合理补偿的运行机制。

政府主导、社会参与。发挥政府对生态环境保护的主导作用，加强制度建设，完善法规政策，创新体制机制，拓宽补偿渠道，通过经济、法律等手段，加大政府购买服务力度，引导社会公众积极参与。

统筹兼顾、转型发展。将生态保护补偿与实施主体功能区规划、西部大开发战略和集中连片特困地区脱贫攻坚等有机结合，逐步提高重点生态功能区等区域基本公共服务水平，促进其转型绿色发展。

试点先行、稳步实施。将试点先行与逐步推广、分类补偿与综合补偿有机结合，大胆探索，稳步推进不同领域、区域生态保护补偿机制建设，不断提升生态保护成效。

（三）目标任务。到 2020 年，实现森林、草原、湿地、荒漠、海洋、水流、耕地等重点领域和禁止开发区域、重点生态功能区等重要区域生态保护补偿全覆盖，补偿水平与经济社会发展状况相适应，跨地区、跨流域补偿试点示范取得明显进展，多元化补偿机制初步建立，基本建立符合我国国情的生态保护补偿制度体系，促进形成绿色生产方式和生活方式。

二、分领域重点任务

（四）森林。健全国家和地方公益林补偿标准动态调整机制。完善以政府购买服务为主的公益林管护机制。合理安排停止天然林商业性采伐补助奖励资金。（国家林业局、财政部、国家发展改革委负责）

（五）草原。扩大退牧还草工程实施范围，适时研究提高补助标准，逐步加大对人工饲草地和牲畜棚圈建设的支持力度。实施新一轮草原生态保护补助奖励政策，根据牧区发展和中央财力状况，合理提高禁牧补助和草畜平衡奖励标准。充实草原管护公益岗位。（农业部、财政部、国家发展改革委负责）

（六）湿地。稳步推进退耕还湿试点，适时扩大试点范围。探索建立湿地生态效益补偿制度，率先在国家级湿地自然保护区、国际重要湿地、国家重要湿地开展补偿试点。（国家林业局、农业部、水利部、国家海洋局、环境保护部、住房城乡建设部、财政部、国家发展改革委负责）

（七）荒漠。开展沙化土地封禁保护试点，将生态保护补偿作为试点重要内容。加强沙区资源和生态系统保护，完善以政府购买服务为主的管护机制。研究制定鼓励社会力量参与防沙治沙的政策措施，切实保障相关权益。（国家林业局、农业部、财政部、国家发展改革委负责）

（八）海洋。完善捕捞渔民转产转业补助政策，提高转产转业补助标准。继续执行海洋伏季休渔渔民低保制度。健全增殖放流和水产养殖生态环境修复补助政策。研究建立国家级海洋自然保护区、海洋特别保护区生态保护补偿制度。（农业部、国家海洋局、水利部、环境保护部、财政部、国家发展改革委负责）

（九）水流。在江河源头区、集中式饮用水水源地、重要河流敏感河段和水生态修复治理区、水产种质资源保护区、水土流失重点预防区和重点治理区、大江大河重要蓄滞洪区以及具有重要饮用水源或重要生态功能的湖泊，全面开展生态保护补偿，适当提高补偿标准。加大水土

保持生态效益补偿资金筹集力度。（水利部、环境保护部、住房城乡建设部、农业部、财政部、国家发展改革委负责）

（十）耕地。完善耕地保护补偿制度。建立以绿色生态为导向的农业生态治理补贴制度，对在地下水漏斗区、重金属污染区、生态严重退化地区实施耕地轮作休耕的农民给予资金补助。扩大新一轮退耕还林还草规模，逐步将25度以上陡坡地退出基本农田，纳入退耕还林还草补助范围。研究制定鼓励引导农民施用有机肥料和低毒生物农药的补助政策。（国土资源部、农业部、环境保护部、水利部、国家林业局、住房城乡建设部、财政部、国家发展改革委负责）

三、推进体制机制创新

（十一）建立稳定投入机制。多渠道筹措资金，加大生态保护补偿力度。中央财政考虑不同区域生态功能因素和支出成本差异，通过提高均衡性转移支付系数等方式，逐步增加对重点生态功能区的转移支付。中央预算内投资对重点生态功能区内的基础设施和基本公共服务设施建设予以倾斜。各省级人民政府要完善省以下转移支付制度，建立省级生态保护补偿资金投入机制，加大对省级重点生态功能区域的支持力度。完善森林、草原、海洋、渔业、自然文化遗产等资源收费基金和各类资源有偿使用收入的征收管理办法，逐步扩大资源税征收范围，允许相关收入用于开展相关领域生态保护补偿。完善生态保护成效与资金分配挂钩的激励约束机制，加强对生态保护补偿资金使用的监督管理。（财政部、国家发展改革委会同国土资源部、环境保护部、住房城乡建设部、水利部、农业部、税务总局、国家林业局、国家海洋局负责）

（十二）完善重点生态区域补偿机制。继续推进生态保护补偿试点示范，统筹各类补偿资金，探索综合性补偿办法。划定并严守生态保护红线，研究制定相关生态保护补偿政策。健全国家级自然保护区、世界文化自然遗产、国家级风景名胜区、国家森林公园和国家地质公园等各类禁止开发区域的生态保护补偿政策。将青藏高原等重要生态屏障作为开展生态保护补偿的重点区域。将生态保护补偿作为建立国家公园体制试点的重要内容。（国家发展改革委、财政部会同环境保护部、国土资源部、住房城乡建设部、水利部、农业部、国家林业局、国务院扶贫办负责）

（十三）推进横向生态保护补偿。研究制定以地方补偿为主、中央财政给予支持的横向生态保护补偿机制办法。鼓励受益地区与保护生态地区、流域下游与上游通过资金补偿、对口协作、产业转移、人才培训、共建园区等方式建立横向补偿关系。鼓励在具有重要生态功能、水资源供需矛盾突出、受各种污染危害或威胁严重的典型流域开展横向生态保护补偿试点。在长江、黄河等重要河流探索开展横向生态保护补偿试点。继续推进南水北调中线工程水源区对口支援、新安江水环境生态补偿试点，推动在京津冀水源涵养区、广西广东九洲江、福建广东汀江—韩江、江西广东东江、云南贵州广西广东西江等开展跨地区生态保护补偿试点。（财政部会同国家发展改革委、国土资源部、环境保护部、住房城乡建设部、水利部、农业部、国家林业局、国家海洋局负责）

（十四）健全配套制度体系。加快建立生态保护补偿标准体系，根据各领域、不同类型地区特点，以生态产品产出能力为基础，完善测算方法，分别制定补偿标准。加强森林、草原、耕地等生态监测能力建设，完善重点生态功能区、全国重要江河湖泊水功能区、跨省流域断面水量水质国家重点监控点位布局和自动监测网络，制定和完善监测评估指标体系。研究建立生态保护补偿统计指标体系和信息发布制度。加强生态保护补偿效益评估，积极培育生态服务价值评估机构。健全自然资源资产产权制度，建立统一的确权登记系统和权责明确的产权体系。强化科技支撑，深化生态保护补偿理论和生态服务价值等课题研究。（国家发展改革委、财政部会同国土资源部、环境保护部、住房城乡建设部、水利部、农业部、国家林业局、国家海洋局、国家统计局负责）

（十五）创新政策协同机制。研究建立生态环境损害赔偿、生态产品市场交易与生态保护补偿协同推进生态环境保护的新机制。稳妥有序开展生态环境损害赔偿制度改革试点，加快形成损害生态者赔偿的运行机制。健全生态保护市场体系，完善生态产品价格形成机制，使保护者通过生态产品的交易获得收益，发挥市场机制促进生态保护的积极作用。建立用水权、排污权、碳排放权初始分配制度，完善有偿使用、预算管理、投融资机制，培育和发展交易平台。探索地区间、流域间、流域上下游等水权交易方式。推进重点流域、重点区域排污权交易，扩大排污权有偿使用和交易试点。逐步建立碳排放权交易制度。建立统一的绿色产品标准、认证、标识等体系，完善落实对绿色产品研发生产、运输配送、购买使用的财税金融支持和政府采购等政策。（国家发展改革委、财政部、环境保护部会同国土资源部、住房城乡建设部、水利部、税务总局、国家林业局、农业部、国家能源局、国家海洋局负责）

（十六）结合生态保护补偿推进精准脱贫。在生存条件差、生态系统重要、需要保护修复的地区，结合生态环境保护和治理，探索生态脱贫新路子。生态保护补偿资金、国家重大生态工程项目和资金按照精准扶贫、精准脱贫的要求向贫困地区倾斜，向建档立卡贫困人口倾斜。重点生态功能区转移支付要考虑贫困地区实际状况，加大投入力度，扩大实施范围。加大贫困地区新一轮退耕还林还草力度，合理调整基本农田保有量。开展贫困地区生态综合补偿试点，创新资金使用方式，利用生态保护补偿和生态保护工程资金使当地有劳动能力的部分贫困人口转为生态保护人员。对在贫困地区开发水电、矿产资源占用集体土地的，试行给原住居民集体股权方式进行补偿。（财政部、国家发展改革委、国务院扶贫办会同国土资源部、环境保护部、水利部、农业部、国家林业局、国家能源局负责）

（十七）加快推进法制建设。研究制定生态保护补偿条例。鼓励各地出台相关法规或规范性文件，不断推进生态保护补偿制度化和法制化。加快推进环境保护税立法。（国家发展改革委、财政部、国务院法制办会同国土资源部、环境保护部、住房城乡建设部、水利部、农业部、税务总局、国家林业局、国家海洋局、国家统计局、国家能源局负责）

四、加强组织实施

（十八）强化组织领导。建立由国家发展改革委、财政部会同有关部门组成的部际协调机制，加强跨行政区域生态保护补偿指导协调，组织开展政策实施效果评估，研究解决生态保护补偿机制建设中的重大问题，加强对各项任务的统筹推进和落实。地方各级人民政府要把健全生态保护补偿机制作为推进生态文明建设的重要抓手，列入重要议事日程，明确目标任务，制定科学合理的考核评价体系，实行补偿资金与考核结果挂钩的奖惩制度。及时总结试点情况，提炼可复制可推广的试点经验。

（十九）加强督促落实。各地区、各有关部门要根据本意见要求，结合实际情况，抓紧制定具体实施意见和配套文件。国家发展改革委、财政部要会同有关部门对落实本意见的情况进行监督检查和跟踪分析，每年向国务院报告。各级审计、监察部门要依法加强审计和监察。切实做好环境保护督察工作，督察行动和结果要同生态保护补偿工作有机结合。对生态保护补偿工作落实不力的，启动追责机制。

（二十）加强舆论宣传。加强生态保护补偿政策解读，及时回应社会关切。充分发挥新闻媒体作用，依托现代信息技术，通过典型示范、展览展示、经验交流等形式，引导全社会树立生态产品有价、保护生态人人有责的意识，自觉抵制不良行为，营造珍惜环境、保护生态的良好氛围。

附录3 国家《“十三五”规划纲要》关于生态补偿的政策建议

国民经济和社会发展第十三个五年规划纲要（摘选）

第十篇 加快改善生态环境

以提高环境质量为核心，以解决生态环境领域突出问题为重点，加大生态环境保护力度，提高资源利用效率，为人民提供更多优质生态产品，协同推进人民富裕、国家富强、中国美丽。

1. 加快主体功能区建设

强化主体功能区作为国土空间开发保护基础制度的作用，加快完善主体功能区政策体系，推动各地区依据主体功能定位发展。

推动主体功能区布局基本形成。有度有序利用自然，调整优化空间结构，推动形成以“两横三纵”为主体的城市化战略格局、以“七区二十三带”为主体的农业战略格局、以“两屏三带”为主体的生态安全战略格局，以及可持续的海洋空间开发格局。合理控制国土空间开发强度，增加生态空间。推动优化开发区域产业结构向高端高效发展，优化空间开发结构，逐年减少建设用地增量，提高土地利用效率。推动重点开发区域集聚产业和人口，培育若干带动区域协同发展的增长极。划定农业空间和生态空间保护红线，拓展重点生态功能区覆盖范围，加大禁止开发区域保护力度。

健全主体功能区配套政策体系。根据不同主体功能区定位要求，健全差别化的财政、产业、投资、人口流动、土地、资源开发、环境保护等政策，实行分类考核的绩效评价办法。重点生态功能区实行产业准入负面清单。加大对农产品主产区和重点生态功能区的转移支付力度，建立健全区域流域横向生态补偿机制。设立统一规范的国家生态文明试验区。建立国家公园体制，整合设立一批国家公园。

建立空间治理体系。以市县级行政区为单元，建立由空间规划、用途管制、差异化绩效考核等构成的空间治理体系。建立国家空间规划体系，以主体功能区规划为基础统筹各类空间性规划，推进“多规合一”。完善国土空间开发许可制度。建立资源环境承载能力监测预警机制，对接近或达到警戒线的地区实行限制性措施。实施土地、矿产等国土资源调查评价和监测工程。提升测绘地理信息服务保障能力，开展地理国情常态化监测，推进全球地理信息资源开发。

2. 加强生态保护修复

坚持保护优先、自然恢复为主，推进自然生态系统保护与修复，构建生态廊道和生物多样性保护网络，全面提升各类自然生态系统稳定性和生态服务功能，筑牢生态安全屏障。

全面提升生态系统功能。开展大规模国土绿化行动，加强林业重点工程建设，完善天然林保护制度，全面停止天然林商业性采伐，保护培育森林生态系统。发挥国有林区林场在绿化国土中的带动作用。创新产权模式，引导社会资金投入植树造林。严禁移植天然大树进城。扩大退耕还林还草，保护治理草原生态系统，推进禁牧休牧轮牧和天然草原退牧还草，加强“三化”草原治理，草原植被综合盖度达到56%。保护修复荒漠生态系统，加快风沙源区治理，遏制沙化扩展。保障重要河湖湿地及河口生态水位，保护修复湿地与河湖生态系统，建立湿地保护制度。

推进重点区域生态修复。坚持源头保护、系统恢复、综合施策，推进荒漠化、石漠化、水土流失综合治理。继续实施京津风沙源治理二期工程。强化三江源等江河源头和水源涵养区生态保护。加大南水北调水源地及沿线生态走廊、三峡库区等区域生态保护力度，推进沿黄生态经济带建设。支持甘肃生态安全屏障综合示范区建设。开展典型受损生态系统恢复和修复示范。完善国家地下水监测系统，开展地下水超采区综合治理。建立沙化土地封禁保护制度。有步骤对居住在自然保护区核心区与缓冲区的居民实施生态移民。

扩大生态产品供给。丰富生态产品，优化生态服务空间配置，提升生态公共服务供给能力。加大风景名胜区、森林公园、湿地公园、沙漠公园等保护力度，加强林区道路等基础设施建设，适度开发公众休闲、旅游观光、生态康养服务和产品。加快城乡绿道、郊野公园等城乡生态基础设施建设，发展森林城市，建设森林小镇。打造生态体验精品线路，拓展绿色宜人的生态空间。

维护生物多样性。实施生物多样性保护重大工程。强化自然保护区建设和管理，加大典型生态系统、物种、基因和景观多样性保护力度。开展生物多样性本底调查与评估，完善观测体系。科学规划和建设生物资源保护库圃，建设野生动植物人工种群保育基地和基因库。严防并治理外来物种入侵和遗传资源丧失。强化野生动植物进出口管理，严厉打击象牙等野生动植物制品非法交易。

专栏18　山水林田湖生态工程

（一）国家生态安全屏障保护修复

推进青藏高原、黄土高原、云贵高原、秦巴山脉、祁连山脉、大小兴安岭和长白山、南岭山地地区、京津冀水源涵养区、内蒙古高原、河西走廊、塔里木河流域、滇桂黔喀斯特地区等关系国家生态安全核心地区生态修复治理。

（二）国土绿化行动

开展大规模植树增绿活动，集中连片建设森林，加强"三北"、沿海、长江和珠江流域等防护林体系建设，加快国家储备林及用材林基地建设，推进退化防护林修复，建设大尺度绿色生态保护空间和连接各生态空间的绿色廊道，形成国土绿化网络。

（三）国土综合整治

开展重点流域、海岸带和海岛综合整治，加强矿产资源开发集中地区地质环境治理和生态修复。推进损毁土地、工矿废弃地复垦，修复受自然灾害、大型建设项目破坏的山体、矿山废弃地。加大京杭大运河、黄河明清故道沿线综合治理。推进边疆地区国土综合开发、防护和整治。

（四）天然林资源保护

将天然林和可以培育成为天然林的未成林封育地、疏林地、灌木林地等全部划入天然林保护范围，对难以自然更新的林地通过人工造林恢复森林植被。

（五）新一轮退耕退牧还林还草

实施具备条件的25度以上坡耕地、严重沙化耕地和重要水源地15—25度坡耕地退耕还林还草。稳定扩大退牧还草范围，合理布局草原围栏和退化草原补播改良，恢复天然草原生态和生物多样性。开展毒害草、黑土滩和农牧交错带已垦草原治理。

（六）防沙治沙和水土流失综合治理

实施北方防沙带、黄土高原区、东北黑土区、西南岩溶区等重点区域水土流失综合防治，加强坡耕地综合治理、侵蚀沟整治和生态清洁小流域建设。新增水土流失治理面积27万平方公里。

（七）湿地保护与恢复

加强长江中上游、黄河沿线及贵州草海等自然湿地保护，对功能降低、生物多样性减少的湿地进行综合治理，开展湿地可持续利用示范。全国湿地面积不低于8亿亩。

（八）濒危野生动植物抢救性保护

保护改善大熊猫、朱鹮、虎、豹、亚洲象等珍稀濒危野生动物栖息地，建设救护繁育中心和基因库，开展拯救繁育和野化放归。加强兰科植物等珍稀濒危植物及极小种群野生植物生境恢复和人工拯救。

3. 健全生态安全保障机制

加强生态文明制度建设，建立健全生态风险防控体系，提升突发生态环境事件应对能力，保障国家生态安全。

完善生态环境保护制度。落实生态空间用途管制，划定并严守生态保护红线，确保生态功能不降低、面积不减少、性质不改变。建立森林、草原、湿地总量管理制度。加快建立多元化生态补偿机制，完善财政支持与生态保护成效挂钩机制。建立覆盖资源开采、消耗、污染排放及资源性产品进出口等环节的绿色税收体系。研究建立生态价值评估制度，探索编制自然资源资产负债表，建立实物量核算账户。实行领导干部自然资源资产离任审计。建立健全生态环境损害评估和赔偿制度，落实损害责任终身追究制度。

加强生态环境风险监测预警和应急响应。建立健全国家生态安全动态监测预警体系，定期对生态风险开展全面调查评估。健全国家、省、市、县四级联动的生态环境事件应急网络，完善突发生态环境事件信息报告和公开机制。严格环境损害赔偿，在高风险行业推行环境污染强制责任保险。

附录4 全国重要生态功能区（涉及川滇部分）

全国重要生态功能区

序号	重要生态功能区名称	水源涵养	生物多样性保护	土壤保持	防风固沙	洪水调蓄
1	大兴安岭水源涵养与生物多样性保护重要区					+
2	长白山区水源涵养与生物多样性保护重要区					
3	辽河源水源涵养重要区			+	+	
4	京津冀北部水源涵养重要区			+		
5	太行山区水源涵养与土壤保持重要区				+	
6	大别山水源涵养与生物多样性保护重要区			+		
7	天目山—怀玉山区水源涵养与生物多样性保护重要区					
8	罗霄山脉水源涵养与生物多样性保护重要区			+		
9	闽南山地水源涵养重要区			+		
10	南岭山地水源涵养与生物多样性保护重要区					
11	云开大山水源涵养重要区			+		
12	西江上游水源涵养与土壤保持重要区					
13	大娄山区水源涵养与生物多样性保护重要区					
14	川西北水源涵养与生物多样性保护重要区			+	+	
15	甘南山地水源涵养重要区		+			

表(续)

序号	重要生态功能区名称	水源涵养	生物多样性保护	土壤保持	防风固沙	洪水调蓄
16	三江源水源涵养与生物多样性保护重要区					
17	祁连山水源涵养重要区		+	+		
18	天山水源涵养与生物多样性保护重要区				+	
19	阿尔泰山地水源涵养与生物多样性保护重要区		+		+	
20	帕米尔—喀喇昆仑山地水源涵养与生物多样性保护重要区			+		
21	小兴安岭生物多样性保护重要区	+				
22	三江平原湿地生物多样性保护重要区					
23	松嫩平原生物多样性保护与洪水调蓄重要区	+				
24	辽河三角洲湿地生物多样性保护重要区					
25	黄河三角洲湿地生物多样性保护重要区					
26	苏北滨海湿地生物多样性保护重要区					
27	浙闽山地生物多样性保护与水源涵养重要区			+		
28	武夷山—戴云山生物多样性保护重要区					
29	秦岭—大巴山生物多样性保护与水源涵养重要区					
30	武陵山区生物多样性保护与水源涵养重要区					
31	大瑶山地生物多样性保护重要区			+		
32	海南中部生物多样性保护与水源涵养重要区			+		

表(续)

序号	重要生态功能区名称	水源涵养	生物多样性保护	土壤保持	防风固沙	洪水调蓄
33	滇南生物多样性保护重要区	+		+		
34	无量山—哀牢山生物多样性保护重要区					
35	滇西山地生物多样性保护重要区	+		+		
36	滇西北高原生物多样性保护与水源涵养重要区			+		
37	岷山—邛崃山—凉山生物多样性保护与水源涵养重要区					
38	藏东南生物多样性保护重要区			+		
39	珠穆朗玛峰生物多样性保护与水源涵养重要区					
40	藏西北羌塘高原生物多样性保护重要区					
41	阿尔金山南麓生物多样性保护重要区					
42	西鄂尔多斯—贺兰山—阴山生物多样性保护与防风固沙重要区	+				
43	准噶尔盆地东部生物多样性保护与防风固沙重要区					
44	准噶尔盆地西部生物多样性保护与防风固沙重要区					
45	东南沿海红树林保护重要区					
46	黄土高原土壤保持重要区	+	+		+	
47	鲁中山区土壤保持重要区	+				
48	三峡库区土壤保持重要区	+	+			

表(续)

序号	重要生态功能区名称	水源涵养	生物多样性保护	土壤保持	防风固沙	洪水调蓄
49	西南喀斯特土壤保持重要区	+	+			
50	川滇干热河谷土壤保持重要区		+			
51	科尔沁沙地防风固沙重要区		+			
52	呼伦贝尔草原防风固沙重要区		+			
53	浑善达克沙地防风固沙重要区		+			
54	阴山北部防风固沙重要区					
55	鄂尔多斯高原防风固沙重要区					
56	黑河中下游防风固沙重要区					
57	塔里木河流域防风固沙重要区					
58	江汉平原湖泊湿地洪水调蓄重要区		+			
59	洞庭湖洪水调蓄与生物多样性保护重要区					
60	鄱阳湖洪水调蓄与生物多样性保护重要区					
61	皖江湿地洪水调蓄重要区		+			
62	淮河中游湿地洪水调蓄重要区					
63	洪泽湖洪水调蓄重要区					

（1）川西北水源涵养与生物多样性保护重要区：该区位于四川省的西北部，包含1个功能区——川西北水源涵养与生物多样性保护功能区，是长江重要支流雅砻江、大渡河、金沙江的源头区和水源补给区，也是黄河上游重要水源补给区。行政区主要涉及甘孜藏族自治州和阿坝

藏族羌族自治州。面积为180 606平方公里。区内生物多样性丰富，建有多个自然保护区。地貌类型以高原丘陵为主，地势平坦，沼泽、牛轭湖星罗棋布。植被类型以高寒草甸和沼泽草甸为主；其次有少量亚高山森林及灌草丛分布。此外，该区植被在生物多样性保护、水土保持和土地沙化防治方面也具有重要作用。

主要生态问题：大规模水电开发导致的生态破坏加剧，湿地疏干，垦殖和过度放牧导致的沼泽萎缩、草甸退化和草地沙化问题突出。

生态保护主要措施：合理开发水电资源，强化水电开发与运行中的生态保护，严格控制支流小水电站的无序开发。加大牧业生产设施建设力度，逐步改变牧业粗放经营和过度放牧，加强草地恢复，加大草地沙化和鼠虫害防治力度，严禁沼泽湿地疏干改造，退牧还沼，恢复湿地，加大天然草地、沼泽湿地和生物多样性的保护力度。发展生态旅游、观光旅游和科学考察服务的第三产业，开发具有地方特色的畜产品，走生态经济型发展道路。

（2）秦岭—大巴山生物多样性保护与水源涵养重要区：该区位于秦岭山地和大巴山地，包含3个功能区——米仓山—大巴山水源涵养功能区、秦岭山地生物多样性保护与水源涵养功能区和豫西南山地水源涵养功能区。行政区主要涉及陕西省的汉中、安康、西安、宝鸡、商洛、渭南，甘肃省的陇南、天水、甘南，四川省的广元、巴中、达州，重庆市的城口、巫溪，湖北省的十堰、襄阳和神农架林区。面积为179 816平方公里。该区地处我国亚热带与暖温带的过渡带，发育了以北亚热带为基带（南部）和暖温带为基带（北部）的垂直自然带谱，是我国乃至东南亚地区暖温带与北亚热带地区生物多样性最丰富的地区之一，是我国生物多样性重点保护区域。该区位于渭河南岸诸多支流的发源地和嘉陵江、汉江上游丹江水系的主要水源涵养区，是南水北调中线的水源地。

主要生态问题：该区森林质量与水源涵养功能较弱，水电、矿产等资源开发的生态破坏较严重，地质灾害威胁严重，野生动植物栖息地质量下降、破碎化加剧，生物多样性受到威胁。

生态保护主要措施：加强对已有自然保护区保护力度和对天然林管护力度；对已遭破坏的生态系统，要结合有关生态建设工程，做好生态恢复与重建工作，增强生态系统水源涵养和土壤保持功能；停止导致生态功能继续退化的开发活动和其他人为破坏活动；严格矿产资源、水电资源开发的监管；控制人口增长，改变粗放生产经营方式，发展生态旅游和特色产业。

（3）武陵山区生物多样性保护与水源涵养重要区：该区地跨湖北、

湖南、贵州、重庆、广西5省（自治区、直辖市），包含7个功能区——黔东南桂西北丘陵水源涵养功能区、黔东中低山水源涵养功能区、鄂西南生物多样性保护功能区、武陵山地生物多样性保护功能区、渝东南—黔东北生物多样性保护与土壤保持功能区、雪峰山生物多样性保护与土壤保持功能区和渝东南山区土壤保持功能区。范围主要涉及湖南省湘西、怀化、张家界、常德、邵阳、娄底、益阳，湖北省恩施、宜昌，重庆市黔江、酉阳、秀山、彭水、石柱，贵州省铜仁、黔东南、黔南，广西桂林、柳州。面积为186 053平方公里。该区是东亚亚热带植物区系分布核心区，有水杉、珙桐等多种国家珍稀濒危植物；同时该区又是长江支流清江和澧水的发源地，以及沅水、资水、乌江水系的汇水区，其水源涵养和土壤保持功能也极其重要。该区山地坡度大，降雨丰富，水土流失敏感性高。

主要生态问题：森林资源不合理开发利用带来的生态功能退化问题较为突出，主要表现为水土流失加重、石漠化问题突出、地质灾害增多、野生动植物栖息地破坏较严重。

生态保护主要措施：加强自然保护区群建设，扩大保护范围；坚持自然恢复，恢复常绿阔叶林的乔、灌、草植被体系，优化森林生态系统结构；继续实施退耕还林、还草工程，以及石漠化治理工程；加强地质灾害的监督与预防。

（4）滇南生物多样性保护重要区：该区位于云南省最南端，包含1个功能区——滇南生物多样性保护功能区，行政区主要涉及云南省的普洱、西双版纳、红河、文山，面积为34 775平方公里。在仅占全国不到0.4%的国土面积上，植物种类占全国的1/5，动物种类占全国的1/4，素有“动物王国”“植物王国”和“物种基因库”之称。

主要生态问题：由于长期森林资源过度开发与热带作物的发展，天然森林面积大幅度减少，人工经济林与用材林比例高，生境破碎化程度高，野生动植物栖息地受到严重损害。

生态保护主要措施：扩大自然保护区范围，加强热带雨林和季雨林的保护，禁止破坏天然森林的农业生产活动；改变传统粗放的生产经营方式，合理利用旅游资源，发展生态旅游业。

（5）无量山—哀牢山生物多样性保护重要区：该区位于云南省中部，包含1个功能区——无量山—哀牢山生物多样性保护功能区，行政区主要涉及大理、普洱、玉溪、红河、楚雄，面积35 844平方公里。该区植被以原生亚热带中山湿性常绿阔叶林为主，物种丰富，被誉为“天然绿色宝库”和“天然物种基因库”，有国家一级保护植物云南红豆杉、篦齿苏铁、野银杏、长蕊木兰等；野生动物种类繁多，有国家一级重点保护动物西黑冠长臂猿等。

主要生态问题：水土流失敏感性高，地质灾害较严重。天然森林受到较严重的人为干扰和破坏，水源涵养功能与土壤保持功能较弱。

生态保护主要措施：加强自然保护区管理力度；开展小流域生态综合整治，防治地质灾害；提高水源涵养林等生态公益林的比例，控制人工经济林发展规模；调整农业结构，发展生态农业，实施退耕还林还草。

（6）滇西山地生物多样性保护重要区：该区位于云南省西部，澜沧江沿岸，包含1个功能区——滇西山地生物多样性保护功能区，行政区主要涉及云南的大理、保山、临沧，面积为25 889平方公里。该区属亚热带山地季风气候，地势高差大，立体气候显著，植物资源丰富，珍稀濒危植物繁多，以起源古老的孑遗植物为主，是我国重要的生物多样性保护区。

主要生态问题：过度的砍伐森林、水电资源开发、不合理的土地利用等粗放型的人类活动，造成森林生态系统退化，生态功能明显降低，生物多样性受到严重威胁。

生态保护主要措施：加强自然保护区的建设，加大保护力度；加强水电资源开发监管力度；严格保护天然林，控制人工林的扩张；发展生态旅游，改变以破坏资源为代价的经济发展模式。

（7）滇西北高原生物多样性保护与水源涵养重要区：该区位于云南西北部与四川、西藏交界的横断山脉分布区，包含1个功能区——滇西北高原生物多样性保护与水源涵养功能区，行政区主要涉及云南省的迪庆、怒江、丽江、大理、保山、德宏，面积为61 792平方公里。该区珍稀野生动植物种类丰富，拥有牛羚、白眉长臂猿、滇金丝猴、云南红豆杉、长蕊木兰、光叶珙桐等国家一级保护野生动植物，其中三江并流区为世界级的物种基因库，是我国乃至世界生物多样性重点保护区域。该区还具有重要的水源涵养和土壤保持功能。区内水土流失、冻融侵蚀和地质灾害敏感性极高。

主要生态问题：森林资源过度利用，原始森林面积锐减，次生低效林面积大，生物多样性受到不同程度的威胁，水土流失和地质灾害严重。

生态保护主要措施：加快自然保护区建设，加大管理力度；加强封山育林，恢复自然植被；开展小流域生态综合整治，防治地质灾害；提高水源涵养林等生态公益林的比例；调整农业结构，发展生态农业，继续实施退耕还林还草，适度发展牧业；在山区实施生态移民。

（8）岷山—邛崃山—凉山生物多样性保护与水源涵养重要区：该

区位于四川盆地西部的岷山、邛崃山和凉山分布区，包含 2 个功能区——岷山—邛崃山生物多样性保护与水源涵养功能区、凉山生物多样性保护功能区，是白龙江、涪江、大渡河、岷江、雅砻江等多条河流的水源地，行政区主要涉及四川省的阿坝、绵阳、德阳、成都、雅安、乐山、宜宾、凉山和甘孜，面积为 123 587 平方公里。区内有卧龙、王朗、九寨沟等多个国家级自然保护区，原始森林以及野生珍稀动植物资源十分丰富，是大熊猫、羚牛、川金丝猴等重要珍稀生物的栖息地，是我国乃至世界生物多样性保护重要区域。该区山高坡陡，雨水丰富，水土流失敏感性高。

主要生态问题：水土流失严重、山地灾害频发和野生动植物栖息地退化与破碎化加剧。

生态保护主要措施：加大对天然林的保护力度，加强自然保护区建设，加大对其的管护力度；禁止陡坡开垦和森林砍伐，继续实施退耕还林工程；恢复已受到破坏的低效林和迹地；发展林果业、中草药、生态旅游及其相关产业；开展生态移民，降低人口对森林生态系统与栖息地的压力。

（9）西南喀斯特土壤保持重要区：该区位于西南喀斯特山区，包含 2 个功能区——黔桂喀斯特土壤保持功能区、滇东土壤保持功能区，行政区主要涉及广西壮族自治区河池、南宁、来宾、柳州、百色，贵州省的毕节、六盘水、安顺、黔西南、黔南以及云南省曲靖。面积为 109 339 平方公里。该区地处中亚热带季风湿润气候区，发育了以岩溶环境为背景的特殊生态系统。该区生态系统极其脆弱，水土流失敏感性高，土壤一旦流失，生态恢复重建难度极大。

主要生态问题：毁林毁草开荒带来的生态系统退化问题突出，表现为植被覆盖度低、水土流失严重、石漠化面积大、干旱缺水。

生态保护主要措施：严格保护现存植被；对生态退化严重区采取封禁措施，对中、轻度石漠化地区改进种植制度和农业措施；对人口超过生态承载力的区域实施生态移民措施，推进劳动力转移，降低人口对土地的依赖性；改变粗放生产经营方式，发展生态农业。

（10）川滇干热河谷土壤保持重要区：该区位于四川与云南交界的金沙江下游河谷区，包含 1 个功能区——川滇干热河谷土壤保持功能区。行政区主要涉及四川省攀枝花市和凉山南部以及云南省丽江、大理、楚雄、昆明和昭通等市（州），面积为 56 395 平方公里。该区受地形影响，发育了以干热河谷稀树灌草丛为基带的山地生态系统。河谷区生态脆弱，水土流失敏感性高。

主要生态问题：河谷区植被破坏严重，生态系统保水保土功能弱，地表干旱缺水问题突出、土壤坡面侵蚀和沟蚀严重、崩塌和滑坡及泥石流灾害频发、侵蚀产沙量大，给金沙江乃至三峡工程带来较大危害。

生态保护主要措施：继续实施退耕还林还草；对已遭受破坏的生态系统，实施生态恢复与建设工程；在立地条件差的干热河谷区，坚持自然恢复，采取先草灌后林木的修复模式；改变落后粗放的生产经营方式，大力开展具有地方特色和优势资源的开发活动，合理布局和发展草地畜牧业和林果业，以此带动区域经济的增长。

2017 年国家新增生态功能功能区（四川、贵州、云南、西藏）

序号	省（自治区）	县（市、区、旗）	类型
1	四川省	沐川县	生物多样性维护
2	四川省	峨边彝族自治县	生物多样性维护
3	四川省	马边彝族自治县	生物多样性维护
4	四川省	石棉县	生物多样性维护
5	四川省	宁南县	水土保持
6	四川省	普格县	水土保持
7	四川省	布拖县	水土保持
8	四川省	金阳县	水土保持
9	四川省	昭觉县	水土保持
10	四川省	喜德县	生物多样性维护
11	四川省	越西县	生物多样性维护
12	四川省	甘洛县	生物多样性维护
13	四川省	美姑县	生物多样性维护
14	四川省	雷波县	水土保持
15	贵州省	赤水市	水土保持
16	贵州省	习水县	水土保持
17	贵州省	江口县	水土保持
18	贵州省	石阡县	水土保持
19	贵州省	印江土家族苗族自治县	水土保持
20	贵州省	沿河土家族自治县	水土保持
21	贵州省	黄平县	水源涵养
22	贵州省	施秉县	水源涵养
23	贵州省	锦屏县	水源涵养

表(续)

序号	省（自治区）	县（市、区、旗）	类型
24	贵州省	剑河县	水源涵养
25	贵州省	台江县	水源涵养
26	贵州省	榕江县	水源涵养
27	贵州省	从江县	水源涵养
28	贵州省	雷山县	水源涵养
29	贵州省	荔波县	水土保持
30	贵州省	三都水族自治县	水源涵养
31	云南省	东川区	水土保持
32	云南省	巧家县	水土保持
33	云南省	盐津县	水土保持
34	云南省	大关县	水土保持
35	云南省	永善县	水土保持
36	云南省	绥江县	水土保持
37	云南省	永胜县	水土保持
38	云南省	宁蒗彝族自治县	生物多样性维护
39	云南省	景东彝族自治县	生物多样性维护
40	云南省	镇沅彝族哈尼族拉祜族自治县	生物多样性维护
41	云南省	孟连傣族拉祜族佤族自治县	生物多样性维护
42	云南省	西盟佤族自治县	生物多样性维护
43	云南省	双柏县	生物多样性维护
44	云南省	大姚县	水土保持
45	云南省	永仁县	水土保持
46	云南省	麻栗坡县	水土保持
47	云南省	景洪市	生物多样性维护
48	云南省	永平县	生物多样性维护
49	云南省	漾濞彝族自治县	生物多样性维护
50	云南省	南涧彝族自治县	生物多样性维护
51	云南省	巍山彝族回族自治县	生物多样性维护
52	西藏自治区	当雄县	生物多样性维护

表（续）

序号	省（自治区）	县（市、区、旗）	类型
53	西藏自治区	定日县	生物多样性维护
54	西藏自治区	康马县	生物多样性维护
55	西藏自治区	定结县	生物多样性维护
56	西藏自治区	仲巴县	生物多样性维护
57	西藏自治区	亚东县	生物多样性维护
58	西藏自治区	吉隆县	生物多样性维护
59	西藏自治区	聂拉木县	生物多样性维护
60	西藏自治区	萨嘎县	生物多样性维护
61	西藏自治区	岗巴县	生物多样性维护
62	西藏自治区	江达县	生物多样性维护
63	西藏自治区	贡觉县	生物多样性维护